# 机械工程控制基础学习指导

杨 明　张 华　王友林　主 编
董云云　朱璐瑛　苏 凤　副主编

电子工业出版社
**Publishing House of Electronics Industry**
北京 · BEIJING

## 内 容 简 介

本书介绍了机械工程控制原理及分析方法的基础知识和相关练习。全书共分两部分，第 1 部分归纳了包括拉普拉斯变换的数学方法、系统的数学模型、控制系统的时域分析、系统的频率特性、系统的稳定性、控制系统的校正与设计共 7 章，每章设计了考纲内容、内容提要、习题解答 3 个板块，涵盖了每一章节的主要知识点，并对课后习题进行了详细解答；第 2 部分是针对自学考试《机械工程控制基础》真题进行知识点拨及解答，内容全面、重点突出、分析透彻。

《机械工程控制基础学习指导》是针对机电类专业自学考试《机械工程控制基础》课程的配套辅导用书，也可作为机械类、电子信息类和电气类专业学生的学习参考用书。

**图书在版编目（CIP）数据**

机械工程控制基础学习指导 / 杨明，张华，王友林主编. —北京：电子工业出版社，2016.12

ISBN 978-7-121-30763-8

Ⅰ. ①机… Ⅱ. ①杨… ②张… ③王… Ⅲ. ①机械工程—控制系统—高等学校—教学参考资料

Ⅳ. ①TH-39

中国版本图书馆 CIP 数据核字（2016）第 322436 号

策划编辑：朱怀永
责任编辑：朱怀永
印　　刷：三河市双峰印刷装订有限公司
装　　订：三河市双峰印刷装订有限公司
出版发行：电子工业出版社
　　　　　北京市海淀区万寿路 173 信箱　邮编　100036
开　　本：787×1092　1/16　　印张：10.25　　字数：264.2 千字
版　　次：2016 年 12 月第 1 版
印　　次：2016 年 12 月第 1 次印刷
定　　价：27.00 元

凡所购买电子工业出版社图书有缺损问题，请向购买书店调换。若书店售缺，请与本社发行部联系，联系及邮购电话：(010) 88254888，88258888。

质量投诉请发邮件至 zlts@phei.com.cn，盗版侵权举报请发邮件至 dbqq@phei.com.cn。

本书咨询联系方式：(010) 88254608 或 zhy@phei.com.cn。

# 序

17 世纪，德国哲学家、数学家莱布尼茨发明了二进位制，视其为"具有世界普遍性的、最完美的逻辑语言"。他有两个没想到。第一个没想到在后来，二百多年以后，二进位制成了计算机软件的数学基础，构筑了丰富多彩的虚拟世界。第二个没想到在先前，五千多年前的《周易》描绘了阴阳两元创化的智慧符号。莱氏从法国汉学家处看到了八卦，认定那是中国版的二进制。可惜他晚了五千年。《周易》也可惜，被拿去算卦，从阴阳看吉凶，深悟其中的道教天师成就了前知五百年，后知五百载的"半仙之体"。莱布尼茨也有宗教情结，他认为每周第一天为 1，亦即上帝，这是世界的一翼。数到第 7 天，一切尽有，是世界的另一翼。7 按照二进制表示为"111"，八卦主吉的乾卦符号为三横。这三竖三横只是方向不同，义理暗合。

《周易》为群经之首，设教之书，大道之源。"一阴一阳之谓道"，两仪动静是人类活动总源头，为万物本元图式。李约瑟视其为宇宙力场的正极和负极。西方学者容格评价更高，谈到世界智慧宝典，首推《周易》，他认为，在科学方面，我们所得出的许多定律是短命的，常常被后来的事实所推翻，惟独《周易》亘古常新，五六千年，依然活络。

乾与坤，始与终，精神与物质，主体与客体，合目的性与合规律性，工具理性与价值理性，公平与效率，社会与个人，人权与物权，政府与民众，自由与必然，形式与内容，理性与感性，陆地与海洋，东方与西方，和平与战争，植物与动物，有机与无机……在稀薄抽象中，二元逻辑是通则。我们的家庭也一样，一男一女是基础，有了后代，父母与子女也是二元存在。

世界无比丰富，不似二元那样单纯。但多元是双元的裂变，两端间的模糊带构成了丰富多彩的发挥天地。说到四季，根在两季，冬与夏代表冷与热，是基本状态，春秋的天气或不冷不热，或忽冷忽热，在冬夏间往复震荡。我攻读博士学位时搞的是美学，摇摆于哲学与艺术两域，如今沉思在文化里，那两个幽灵依然在脑海里"作怪"。我下过九年乡，身上有农民气，读过十年大学，身上有书生气，下笔喜欢文词，也喜欢白话，两者掺和在一起，不伦不类，或许也是特色。

烟台南山学院为了总结教学科研成果，启动了百部编著工程。没有统领思路，我感到杂乱无章，思前想后，觉得还是二元逻辑可靠。从体例上来说是二元的，一个系列是应用教材，一个系列是学术文库；从内容上来说也是两元的，有的成果属于自然科学，研究物，有的成果属于社会科学，研究人。南山学院是中国制造业百强企业创办的高校，产业与专业相互嵌入，学校既为企业培养人才，也为社会培养人才，也是二元的。我们决定丛书封面就按这一思路设计：二进位制与阴阳八卦，一个正面，一个背面；一个数学，一个哲学，一个科学，一个文化；一个近代，一个古代；一个外国，一个中国。

南山学术文库重视学理，也重视术用，这便是两元关照。如果在书中这一章讲理论，另一章讲实践，我们能接受。最欢迎的是有机状态，揭示规律的同时，也揭示运用规律的规律，将科学与技术一体化。科学原创是发现，技术原创是发明，要让两者连通起来。对于"纯学术"著作，我们也提出了引向实践的修改要求，不光是为了照顾书系的统一，也是为了表达两元的学术主张。如果结合得比较生硬，也请读者谅解。我们以为，这是积极的缺欠，至少方向是对的。清流学者与实用保持距离，以为那是俗人的功课，这种没有技术感觉的科学意识并不透彻。我们倡导术用的主体性，反对大而无当的说理，哪怕有一点用处，也比没用的大话强。如果操作方案比较初级，将来可以优化。即便不合理，可能被推翻，也有抛砖引玉的作用，并非零价值，有了"玉"，"砖"就成了过季的学术文物，但文物不是废物。在学术史上哪怕写上我们一笔，仅仅轻轻的一笔，我们也满足了，没白活。

吴国华教授曾经提出，应用型大学的门槛问题在标准上，我很赞成，推荐他随中国民办教育协会代表团去德国考察双元制教育，回来后，吴教授主持应用标准化建设的信心更足了。德国的双元制教育有两个教育主体——学校与企业；受教育者有两个身份——学生与员工；教育者有两套人马——教员与师傅。精工制造，德国第一，这得益于双元制教育弘扬的工匠精神。我们必须改变专业主导习惯，提倡行业引领，专业追随行业，终端倒逼始端。应用专业的根在课程里，应用课程的根在教材里，应用教材的根在标准里，应用标准的根在行业里，线性的连续思路也是两元转化过程，从这一点走向另一点。我们按照这样的逻辑推动教材建设，希望阶段性成果能接地气。企业的技术变革速度快于大学，教材建设永远是过程，只能尽可能地缩短时差。

在《论语·子罕》中，孔子说："吾有知乎哉？无知也。有鄙夫问于我，空空如也。我叩其两端而竭焉。"他认为自己并不掌握什么知识，假使没文化的人来请教，他不知道如何回答。但是孔子自认为有一个长处，那就是"叩其两端而竭"，弄清正反、本末、雅俗、礼法、知行……把两极看透，把两极间的波动看清，在互证中获得深知与致知，此为会通之学。这时，"空空如也"就会变成"盈盈如也"。那"竭"字很有张力，有通吃的意思。孔子是老师，我们也是老师，即便努力向先师学习，我们也成不了圣人，但可以成为聪明些的常人。

世界是整块的，宇宙大爆炸后解散了，但依然恪守着严格的队列。《庄子》中有个混沌之死的故事，混沌代表"道"，即宇宙原本，亦为人之初，命之始，凿开七窍后，混沌死了。庄子借此说明，大道本来浑然一体，无所分界。"负阴而抱阳"，阳体中有阴眼，阴体中有阳眼。看出差别清醒，看出联系明晰。内视开天目，心里有数。

二元逻辑的重点不在"极"，而在"易"，两极互动相关，才能释放能量。道家以为，缺则全，枉则直，洼则盈，少则得，多则惑，兵强则灭，木强则折，坚强处下，柔弱处上，事物在反向转化中发展着。《周易》乃通变之学，计算机中的二进位制，也是在高速演算中演义世界的。

哈佛大学等名校在检讨研究型大学的问题时，比较一致的看法是忽视了本科教育。本科是本，顶天不立地，脚步发飘。中国科学院原就有水平很高的研究生院，现在又成立了中国科学院大学，也要向下延伸到本科。高等教育的另一个极化问题出现在教学型高校中，许多人认为这里的主业是上课，搞不搞研究无关大局。其实科研是教学的内置要素，是两极，也是一体，两手抓，两手都要硬。科研好的教师不一定是好教师，但是科研不好的教师一定不是好教师，不爱搞学问的老师教不出会学习的学生，很难说教学质量有多高，老师自己都没有创新能力，怎么能培养出有创新能力的学生呢？二元思维是辩证的，不可一意孤行。我们的百部著述工程包含教学与科研两大系列，想表达的便是共荣理念，虽然水平有限，但信念是坚定的。

以《周易》名言收笔——"天行健，君子以自强不息。"

徐宏力

2016 年 7 月 17 日于龙口

# 前 言

随着现代科学和计算机技术的迅速发展，控制理论在机电系统中的应用越来越广泛。《机械工程控制基础》是机电类专业（独立本科段）考试计划规定必考的一门重要的技术基础课，将经典控制理论与机械工程实际相结合，通过本课程的学习能使考生获得控制理论、机械工程基础及计算机仿真技术等相关知识，培养学生分析问题和解决问题的能力，为以后深入学习相关领域的内容、后续课程打好基础。

本课程知识点多，考试难度较大，为了方便考生更加细致地解读考试大纲，更加系统地掌握课程内容，更加全面地把握考试重点，顺利地通过考试，我们认真研究了课程内容，细致解读了考试大纲，依据最新版的《机械工程控制基础自学考试大纲》编写了《机械工程控制基础学习指导》这本书。坚持以考纲为基石，以典型例题为依托，对考试大纲中要求的"识记"、"领会"、"简单应用"、"综合应用"四个能力层级的知识点进行精细的解读。读者通过学习能够清晰课程的知识脉络，理解基本概念，掌握机械工程控制基础的基本理论和分析问题的方法，掌握主要计算方法和解题方法、步骤。

本书在内容上与《机械工程控制基础》教材的内容相对应，主要包括考纲内容、重点与难点、内容提要、习题解答4个板块，并附有6套历年考试真题。学生可以清晰地了解每章内容的知识点、考点、重点及难点，清楚每个知识点的考试频率及易考题型；掌握分析问题和解决问题的思路和方法，并对课程内容进一步融会贯通，通过对历年考试真题进行强化练习，增强实战技能。本书内容全面，结构严谨，条理清晰，满足了自学者的应试需求，可用于教师上课和考生自学的辅导用书。

书中第1、2、3章由烟台南山学院董云云老师编写，第4、5章由烟台南山学院朱璐瑛老师编写，第6、7章由烟台南山学院杨明老师编写，附录中历年真题由烟台南山学院苏凤老师编写，山东南山铝业股份有限公司张华同志和南山电力总公司王友林同志给予了大量的帮助并提出了一些有益的建议。

为了方便读者阅读和学习本书章节内容，本书编写人员精心组织和开发了配套的文档、视频、动画、图片等形式的数字化学习资源，以章为单位制作了数字化学习资源的链接二维码，放在每章的开始处。读者使用手机等智能终端扫描二维码即可在线查看。

由于作者水平有限，本书中难免有不妥之处，恳请读者批评指正。

编　者

2016 年 7 月于烟台南山

# 目　录

# 第1章 绪 论

考纲内容

## 学习目的与要求

通过本章学习了解机械控制工程的基本概念、研究对象及任务，了解系统的信息传递、反馈和反馈控制等概念以及控制系统的分类，初步具备对实际系统建立功能框图的能力。本章中介绍的一些工程上的术语、定义等在以后章节中会经常用到，需要熟记。

## 考核知识点与考核要求

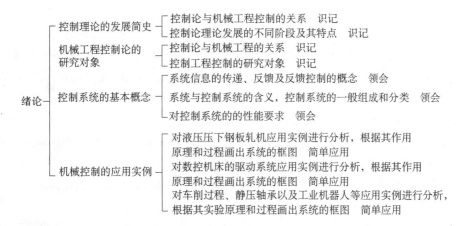

## 重点与难点

**本章重点：**

（一）机械工程控制论的研究对象。

（二）信息的传递、反馈及反馈控制的概念。

（三）系统与控制系统的概念以及控制系统的一般组成和分类。

（四）控制系统的基本要求。

（五）根据实际控制系统的工作原理画出系统的框图。

本章难点：根据实际控制系统的工作原理画出系统的框图。

内容提要

# 1.1　控制理论的发展简史

控制论是一门既与技术科学有关又与基础科学紧密相关的综合科学。实践证明，它不仅具有重大的理论意义，而且对生产力的发展、生产率的提高、尖端技术的研究与尖端武器的研制以及社会管理等方面都产生了重大的影响。因此，控制论在它建立后的很短时期内便迅速渗透到许多科学技术领域，大大推动了现代科学技术的发展，并从中派生出许多新的边缘科学。例如，生物控制论——运用控制论研究生命系统的控制与信息处理；经济控制论——运用控制论研究经济计划、财贸信贷等经济活动及其控制；社会控制论——运用控制论研究社会管理与社会服务；工程控制论——控制论与工程技术的结合等。

其中，工程控制论作为控制论的一个主要的分支科学，是关于受控工程系统的分析、设计和运行的理论。而机械工程控制论是在机械工程中应用的一门技术科学。

# 1.2　机械工程控制论的研究对象

机械工程控制论是研究以机械工程技术为对象的控制论问题。具体地讲，是研究在这一工程领域中广义系统的动力学问题，即研究系统在一定的外界条件（即输入与干扰）作用下，系统从某一初始状态出发，所经历的整个动态过程，也就是研究系统及其输入输出三者之间的动态关系。

机械工程控制主要研究并解决的问题分为以下五个方面：

① 当系统已经确定，且输入已知而输出未知时，要求确定系统的输出（响应）并根据输出来分析和研究该控制系统的性能，此类问题称为系统分析。

② 当系统已经确定，且输出已知而输入未施加时，要求确定系统的输入（控制）以使输出尽可能满足给定的最佳要求，此类问题称为最优控制。

③ 当系统已经确定，且输出已知而输入已施加但未知时，要求识别系统的输入（控制）或输入中的有关信息，此类问题即为滤波与预测。

④ 当输入与输出已知而系统结构参数未知时，要求确定系统的结构与参数，即建立系统的数学模型，此类问题即为系统辨识。

⑤ 当输入与输出已知而系统尚未构建时，要求设计系统使系统在该输入条件下尽可能符合给定的最佳要求，此类问题即为最优设计。

从本质上来看，问题①是已知系统和输入求输出，问题②和③是已知系统和输出求输入，问题④和⑤是已知输入和输出求系统。

# 1.3 控制系统的基本概念

### 1．信息及信息传递

一切能表达一定的信号、密码、情报和消息的都可概括为信息。例如，机械系统中的应力、变形、温升、几何尺寸与形状精度、表面糙度以及流量、压力等；还有电子系统用以表达其状态的电压、电流、频率等。

信息传递，是指信息在系统及过程中以某种关系动态地传递（或称为转换）的过程。例如，机床加工工艺系统将工件尺寸作为信息，通过工艺过程的转换使加工前后工件尺寸分布有所变化。

### 2．系统及控制系统分类

系统是指完成一定任务的一些部件的组合。在控制工程中，系统是广义的概念，它可以是一个物理系统，也可以是一个过程，还可以是一些抽象的动态现象。

控制系统是指系统的可变输出能按照要求的参考输入或控制输入进行调节的系统。

控制系统的分类方式很多，此处仅按系统是否存在反馈，可以将系统分为开环控制系统和闭环控制系统。

开环控制系统：系统的输出量对系统无控制作用，或者说系统中无反馈回路。

闭环控制系统：系统的输出量对系统有控制作用，或者说系统中存在反馈回路。

### 3．反馈及反馈控制

信息的反馈，就是把一个系统的输出信号不断直接地或经过中间变换后全部或部分地返回到输入端，再输入到系统中去。如果反馈回去的信号（或作用）与原系统的输入信号（或作用）的方向相反（或相位相差 $180°$），则称之为"负反馈"；如果方向或相位相同，则称之为"正反馈"。其实，人类最简单的活动，如走路或取物都利用了反馈的原理以保持正常的动作。例如：人抬起腿每走一步路，腿的位置和速度的信息不断通过人眼及腿部皮肤及神经感觉反馈到大脑，从而保持正常的步法；当人用手取物时，物体的位置、手的位置与速度信息不断反馈到人脑以保证准确而适当地抓住待取之物。

### 4．对控制系统的基本要求

评价一个控制系统的好坏，其指标是多种多样的。但对控制系统的基本要求（即控制系统所需的基本性能）一般可归纳为稳定性、快速性和准确性。

# 1.4 机械控制的应用实例

大多数自动控制系统、自动调节系统以及伺服机构都是应用反馈控制原理控制某一个机械刚体（如机床工作台、振动台、火炮或火箭体等），或是一个机械生产过程（如切削过程、锻压过程、冶炼过程等）的机械控制工程实例。如液压压下钢板轧机、数控机床工作台的驱动系统、车削过程和工业机器人等。

1-1 如图 1-1 所示，分析汽车驾驶人驾驶汽车过程中的反馈控制过程并画出其框图。

期望的行驶方向

实际的行驶方向

**图 1-1**

答：汽车驾驶人驾驶汽车过程中的反馈控制过程是一个简单的闭环控制系统。汽车驾驶人驾驶汽车希望汽车具有一定的理想状态（如速度，方向等），人眼及神经感觉测出实际的行驶方向与期望的行驶方向之差，指挥四肢控制汽车的方向驱动，直到实际的行驶方向与期望的行驶方向一致，使汽车按预定的状态运动。此时，路面的状况等因素会对汽车的实际状态产生影响，使得汽车偏离理想状态，人的感觉器官感觉车子的状态，并将此信息返回到大脑，大脑根据实际状态与理想状态的偏差调整四肢动作，如此循环往复。其信息流动与反馈的过程如图 1-2 所示。

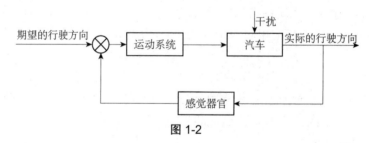

**图 1-2**

1-2 电热水器工作时，水箱中水的温度通过电加热器、测温元件和温控开关来控制。当使用热水时，水箱中的热水由出水口流出，同时冷水自入水口进入。试画出该控制系统的框图，并说明这个系统在分类上是什么控制系统。

答：该控制系统的框图如图 1-3 所示，这个系统在分类上是闭环控制系统。

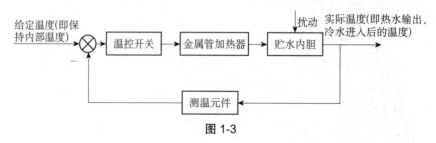

**图 1-3**

1-3 分析电冰箱制冷系统工作的原理，试画出系统的框图，并说明这个系统在分类上是什么控制系统。

答：该控制系统框图如图 1-4 所示，这个系统在分类上是闭环控制系统。

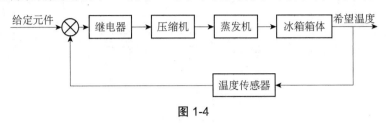

图 1-4

1-4 函数记录仪全称为 x-y 函数记录仪，它将通过传感器测得的压力、电流或位移等函数变化用图像的形式绘制在记录纸上，为人们提供可视化函数以供参考。其工作原理是，输入电压 $\Delta U$ 经过适当衰减，调整到合适的灵敏度，与平衡电桥输出合成电压 $\Delta E$，经过放大器推动电动机转动。它拖动滑线电位器 $R_3$ 和 $R_4$ 变化，使得平衡电桥输出电压改变，直至合成电压 $\Delta E=0$ 时停止。在这个调整过程中，与滑线电位器上的滑动触点同步的记录笔随之而动，它记录了输入电压 $\Delta U$ 变化的全过程。试画出系统的框图，并说明这个系统在分类上是什么控制系统。

答：该系统框图如图 1-5 所示，这个系统在分类上是闭环控制系统（随动系统）。

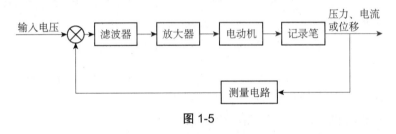

图 1-5

1-5 分析仓库大门自动控制原理，试画出系统框图。

答：自动控制大门开启和关闭工作原理如下，当合上开门开关时，控制器产生偏差电压，该电压经过放大器放大后，驱动伺服电机带动绞盘转动，使大门向上提起，与大门连在一起的电位器电刷上移，直到桥式电路达到平衡，电机停止转动，开门开关自动断开。反之，当合上关门开关时，伺服电机反向转动，带动绞盘使大门向下落，从而实现远距离自动控制大门开关的要求。仓库大门控制系统的框图如图 1-6 所示。

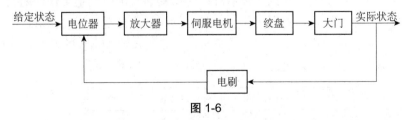

图 1-6

1-6 分析图 1-7 所示液压压下钢板轧机原理图和图 1-8 所示数控机床工作台的驱动系统，画出其各自的控制原理框图。

答：

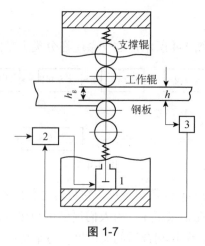

图 1-7

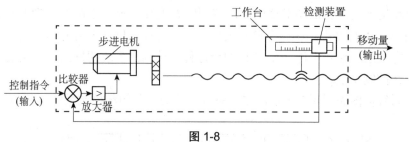

图 1-8

液压压下钢板轧机工作原理：工作辊的辊缝信息或钢板出口厚度信息（或者与两者兼有）由检测元件 3 测出并反馈到电液伺服系统 2 中，发出控制信号驱动油缸 1，以调节两个轧制辊的缝隙，从而使钢板出口厚度保持在要求公差范围内。

液压压下钢板轧机的控制原理框图如图 1-9 所示。

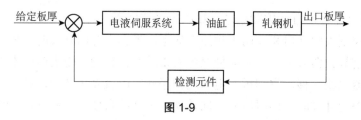

图 1-9

数控机床工作台的驱动系统的工作原理：由检测装置随时测定工作台的实际位置（即输出信号）与控制指令比较，得到工作台实际位置与目标位置之间的差值，考虑驱动系统的动力学特性，按一定的规律设计相应的策略，使系统按输入指令的要求进行动作。

数控机床工作台的驱动系统的控制原理框图如图 1-10 所示。

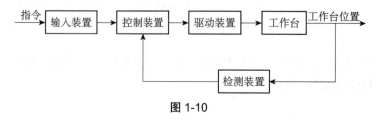

图 1-10

1-7 查阅资料了解水运仪象台齿轮转动系统的工作原理。

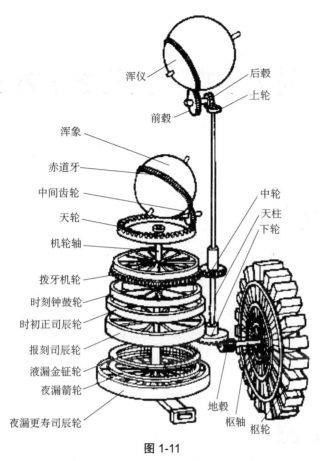

浑仪
后毂
上轮
前毂
浑象
赤道牙
中间齿轮
中轮
天轮
天柱
机轮轴
下轮
拨牙机轮
时刻钟鼓轮
时初正司辰轮
报刻司辰轮
液漏金钲轮
夜漏箭轮
地毂
夜漏更寿司辰轮
枢轴
枢轮

图 1-11

水运仪象台齿轮传动系统在下隔的中央部分设有一个直径达 3 米多的枢轮。枢轮上有 72 条木辐，挟持着 36 个水斗和钩状铁拨子。枢轮顶部和边上附设一组杠杆装置，它们相当于钟表中的擒纵器。在枢轮东面装有一组两级漏壶。壶水注入水斗，斗满时，枢轮即往下转动。但因擒纵器的控制，使它只能转过一个斗。这样就把变速运动变为等间歇运动，使整个仪器运转均匀。枢轮下有退水壶。在枢轮转动中各斗的水又陆续回到退水壶里。另用一套打水装置，由打水人搬转水车，把水打回到上面的一个受水槽中，再由槽中流入下面的漏壶中去。因此，水可以循环使用。打水装置和打水人则安置在下隔的北部。整个机械轮系的运转依靠水的恒定流量，推动水轮做间歇运动，带动仪器转动，因而命名为"水运仪象台"。

# 第 2 章　拉普拉斯变换的数学方法

## 学习目的要求

　　通过本章的学习，明确拉普拉斯变换（简称拉氏变换）是分析研究线性动态系统的有力工具；时域的微分方程可以通过拉氏变换变换为复数域的代数方程；掌握拉氏变换的定义，并能根据定义求常用时间函数的拉氏变换；掌握拉氏变换的重要性质及其应用；会查拉氏变换表，掌握用部分方式法求拉氏变换的方法以及用拉氏变换求解线性微分方程的方法；初步学会用 MatLab 软件进行部分分式的分解。

## 考核知识点与考核要求

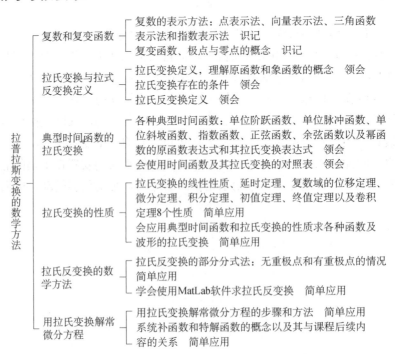

拉普拉斯变换的数学方法

　复数和复变函数　　复数的表示方法：点表示法、向量表示法、三角函数表示法和指数表示法　识记
　　　　　　　　　　复变函数、极点与零点的概念　识记

　拉氏变换与拉式反变换定义　　拉氏变换定义，理解原函数和象函数的概念　领会
　　　　　　　　　　　　　　　拉氏变换存在的条件　领会
　　　　　　　　　　　　　　　拉氏反变换定义　领会

　典型时间函数的拉氏变换　　各种典型时间函数：单位阶跃函数、单位脉冲函数、单位斜坡函数、指数函数、正弦函数、余弦函数以及幂函数的原函数表达式及其拉氏变换表达式　领会
　　　　　　　　　　　　　会使用时间函数及其拉氏变换的对照表　领会

　拉氏变换的性质　　拉氏变换的线性性质、延时定理、复数域的位移定理、微分定理、积分定理、初值定理、终值定理以及卷积定理8个性质　简单应用
　　　　　　　　　　会应用典型时间函数和拉氏变换的性质求各种函数及波形的拉氏变换　简单应用

　拉氏反变换的数学方法　　拉氏反变换的部分分式法：无重极点和有重极点的情况　简单应用
　　　　　　　　　　　　　学会使用MatLab软件求拉氏反变换　简单应用

　用拉氏变换解常微分方程　　用拉氏变换解常微分方程的步骤和方法　简单应用
　　　　　　　　　　　　　系统补函数和特解函数的概念以及其与课程后续内容的关系　简单应用

**重点与难点**

本章重点：拉氏变换的定义，用拉氏变换的定义求常用时间函数的拉氏变换，拉氏变换的性质及其应用，用部分分式法求拉氏反变换的方法，用拉氏变换法解常微分方程。

本章难点：利用典型时间函数以及拉氏变换的性质，求一些规则波形（如三角形、梯形等）的原函数表达和其拉氏变换式（象函数表达式）。

内容提要

# 2.1　复数和复变函数

### 1．复数

复数 $s = \sigma + j\omega$，其中 $\sigma$，$\omega$ 均为实数，分别称为 $s$ 的实部和虚部，记作

$$\sigma = \mathrm{Re}(s) \qquad \omega = \mathrm{Im}(s)$$

$j = \sqrt{-1}$ 为虚单位。

### 2．复数表示法有四种

（1）点表示法：复数 $s = \sigma + j\omega$ 可以用复平面中坐标为（$\sigma$，$\omega$）的点来表示。

（2）向量表示法：复数 $s = \sigma + j\omega$ 可以用从原点指向点（$\sigma$，$\omega$）的向量来表示，向量的长度称为复数 $s$ 的模或绝对值，表示为 $|s| = r = \sqrt{\sigma^2 + \omega^2}$；向量与 $\sigma$ 轴的夹角 $\theta$ 称为复数 $s$ 辅角，即 $\theta = \arctan\dfrac{\omega}{\sigma}$。

（3）三角表示法：$s = \sigma + j\omega = r(\cos\theta + j\sin\theta)$。

（4）指数表示法：由欧拉公式 $e^{j\theta} = \cos\theta + j\sin\theta$，故复数 $s$ 的指数表示为 $s = re^{j\theta}$。

### 3．复变函数

对于复数 $s = \sigma + j\omega$，若以 $s$ 为自变量，按某一确定法则构成的函数 $G(s)$ 称为复变函数，$G(s)$ 可写成 $G(s) = u + jv = \dfrac{K(s - z_1)\cdots(s - z_m)}{(s - p_1)\cdots(s - p_n)}$，$u$，$v$ 分别为复变函数的实部和虚部。

当 $s = z_1,\cdots,z_m$ 时，$G(s) = 0$，则称 $z_1,\cdots,z_m$ 为 $G(s)$ 的零点；

当 $s = p_1,\cdots,p_n$ 时，$G(s) = \infty$，则称 $p_1,\cdots,p_m$ 为 $G(s)$ 的极点。

# 2.2　拉氏变换与拉氏反变换的定义

### 1．拉氏变换

有时间函数 $f(t)$，$t \geq 0$，则 $f(t)$ 的拉氏变换记作 $L[f(t)]$ 或 $F(s)$，并定义为

$$L[f(t)] = F(s) = \int_0^\infty f(t)\,e^{-st}\mathrm{d}t$$

$s$ 为复数 $s=\sigma+j\omega$，称 $f(t)$ 为原函数，$F(s)$ 为象函数。

（1）在任意一个有限区间上，$f(t)$ 分段连续，只有有限个间断点。

（2）当 $t\rightarrow\infty$ 时，$f(t)$ 的增长速度不超过某一指数函数，即满足 $\left|f(t)\right|\leqslant Me^{at}$，式中 $M$，$a$ 均为实常数。

**2．拉氏反变换**

当已知 $f(t)$ 的拉氏变换 $F(s)$，欲求原函数 $f(t)$ 时，称为拉氏反变换，记作 $L^{-1}\left[F(s)\right]$，并定义为如下积分

$$f(t)=L^{-1}\left[F(s)\right]=\frac{1}{2\pi j}\int_{\sigma-j\infty}^{\sigma+j\infty}F(s)\,e^{st}\mathrm{d}s$$

式中，$\sigma$ 为大于 $F(s)$ 所有奇异点实部的实常数。（奇异点，即 $F(s)$ 在该点不解析，也就是说在该点及其领域不处处可导）。

## 2.3　典型时间函数的拉氏变换

**1．单位阶跃函数**

$1(t)=\begin{cases}0 & t<0 \\ 1 & t\geqslant 0\end{cases}$　　　拉氏变换：$L\left[1(t)\right]=\dfrac{1}{s}$

**2．单位脉冲函数**

$\delta(t)=\begin{cases}\infty & t=0 \\ 0 & t\neq 0\end{cases}$　　　拉氏变换：$L\left[\delta(t)\right]=1$

**3．单位斜坡函数**

$f(t)=\begin{cases}0 & t<0 \\ t & t\geqslant 0\end{cases}$　　　拉氏变换：$L\left[t\right]=\dfrac{1}{s^2}$

**4．指数函数**

$f(t)=\begin{cases}0 & t<0 \\ e^{at} & t\geqslant 0\end{cases}$　　　拉氏变换：$L\left[e^{at}\right]=\dfrac{1}{s-a}$

**5．正弦函数**

$f(t)=\begin{cases}0 & t<0 \\ \sin\omega t & t\geqslant 0\end{cases}$　　　拉氏变换：$L\left[\sin\omega t\right]=\dfrac{\omega}{s^2+\omega^2}$

**6．余玄函数**

$f(t)=\begin{cases}0 & t<0 \\ \cos\omega t & t\geqslant 0\end{cases}$　　　拉氏变换：$L\left[\cos\omega t\right]=\dfrac{s}{s^2+\omega^2}$

**7．幂函数**

$f(t)=\begin{cases}0 & t<0 \\ t^n & t\geqslant 0\end{cases}$　　　拉氏变换：$L\left[t^n\right]=\dfrac{n!}{s^{n+1}}$

# 2.4　拉氏变换的性质

### 1．线性性质

拉氏变换是一个线性变换，已知函数 $f_1(t), f_2(t)$ 的拉氏变换分别为 $F_1(s), F_2(s)$，若有常数 $K_1, K_2$，则 $L\big[K_1 f_1(t) + K_2 f_2(t)\big] = K_1 F_1(s) + K_2 F_2(s)$。

### 2．实数域的位值定理（延时定理）

若 $f(t)$ 的拉氏变换为 $F(s)$，则对任意正实数 $a$，有 $L\big[f(t-a)\big] = \mathrm{e}^{-as} F(s)$。

$f(t-a)$ 是函数 $f(t)$ 在时间上延迟了 $a$ 秒的延时函数。当 $t < a$ 时，$f(t-a) = 0$。

### 3．复数域的位移定理

若 $f(t)$ 的拉氏变换为 $F(s)$，则对任意常数 $a$（实数或复数），有

$$L\big[\mathrm{e}^{-at} f(t)\big] = F(s+a)$$

### 4．微分定理

若时间函数 $f(t)$ 的拉氏变换为 $F(s)$，且其一阶导函数 $f'(t)$ 存在，则

$$L\big[f'(t)\big] = sF(s) - f(0^+) \quad f(0^+)$$

为由正向使 $t \to 0$ 时的 $f(t)$ 值。

### 5．积分定理

设 $f(t)$ 的拉氏变换为 $F(s)$，则

$$L\left[\int_0^t f(t)\mathrm{d}t\right] = \frac{F(s)}{s} + \frac{1}{s} f^{(-1)}(0^+)$$

式中，$f^{-1}(0^+)$ 是 $\int_0^t f(t)\mathrm{d}t$ 在 $t \to 0$ 时的值。

### 6．初值定理

若函数 $f(t)$ 及其一阶导数是可拉氏变换的，则函数 $f(t)$ 的初值为

$$f(0^+) = \lim_{t \to 0^+} f(t) = \lim_{s \to \infty} sF(s)$$

即原函数 $f(t)$ 在自变量 $t$ 趋于零（从正向趋向于零）时的极限值，取决于其象函数 $F(s)$ 的自变量 $s$ 趋于无穷大时 $sF(s)$ 的极限值。

### 7．终值定理

若函数 $f(t)$ 及其一阶导数是可拉氏变换的，并且除在原点处有唯一的极点外，$sF(s)$ 在包含 $j\omega$ 轴的右半 $s$ 平面内是解析的（即当 $t \to \infty$ 时 $f(t)$ 趋于一个确定的值），则函数 $f(t)$ 的终值为 $\lim\limits_{t \to \infty} f(t) = \lim\limits_{s \to 0} sF(s)$。

### 8．卷积定理

若 $F(s) = L\big[f(t)\big], G(s) = L\big[g(t)\big]$，则有

$$L\left[\int_0^t f(t-\lambda) g(\lambda)\mathrm{d}\lambda\right] = F(s)G(s)$$

式中，积分 $\int_0^t f(t-\lambda)g(\lambda)\,\mathrm{d}\lambda = f(t)*g(t)$，称为 $f(t)$ 和 $g(t)$ 的卷积。

# 2.5 拉氏变换的数学方法

已知象函数 $F(s)$，求原函数 $f(t)$ 的方法如下：

（1）查表法，即直接利用常用时间函数的拉氏变换对照表，查出相应的原函数，这种方法适用于比较简单的象函数。

（2）有理函数法，它根据拉氏反变换的公式求解，由于公式中的被积函数是一个复变函数，所以须用复变函数中的留数定理求解。

（3）部分分式法，它是通过代数运算，先将一个复杂的象函数化为数个简单的部分分式之和，再分别求出各个分式的原函数，这样总的原函数即可求得。

（4）使用 MatLab 函数求解原函数。

**1．部分分式法求原函数**

（1）$F(s)$ 无重极点的情况

将 $F(s)$ 展开成简单的部分分式之和。

$$\frac{B(s)}{A(s)} = \frac{K_1}{s-p_1} + \frac{K_2}{s-p_2} + \cdots + \frac{K_n}{s-p_n}$$

式中，$K_1, K_2, \cdots, K_n$ 为待定系数。

求得系数后，则 $F(s)$ 可用部分分式表示为

$$F(s) = \sum_{i=1}^{n} \frac{B(p_i)}{A'(P_i)} \cdot \frac{1}{s-p_i}$$

$F(s)$ 的原函数为

$$f(t) = L^{-1}\left[F(s)\right] = \sum_{i=1}^{n} \frac{B(p_i)}{A'(P_i)} \mathrm{e}^{p_i t}$$

（2）$F(s)$ 有重极点的情况

假如 $F(s)$ 有 $r$ 个重极点 $p_1$，其余极点均不相同。$F(s)$ 的部分分式展开式为

$$F(s) = \frac{B(s)}{A(s)} = \frac{B(s)}{a_n(s-p_1)^r(s-p_{r+1})\cdots(s-p_n)}$$

$$= \frac{K_{11}}{(s-p_1)^r} + \frac{K_{12}}{(s-p_1)^{r-1}} + \cdots + \frac{K_{1r}}{s-p_1} + \frac{K_{r+1}}{s-p_{r+1}} + \frac{K_{r+2}}{s-p_{r+2}} + \cdots \frac{K_n}{s-p_n}$$

式中，$K_{11}, K_{12}, \cdots, K_{1r}$ 的求法如下。

$$K_{11} = F(s)(s-p_1)^r \Big|_{s=p_1}$$

$$K_{12} = \frac{\mathrm{d}}{\mathrm{d}s}\left[F(s)(s-p_1)^r\right]\Big|_{s=p_1}$$

$$K_{13} = \frac{1}{2!}\frac{\mathrm{d}^2}{\mathrm{d}s^2}\left[F(s)(s-p_1)^r\right]\Big|_{s=p_1}$$

$$\vdots$$

$$K_{1r} = \frac{1}{(r-1)!} \frac{\mathrm{d}^{r-1}}{\mathrm{d}s^{r-1}} \left[ F(s)(s-p_1)^r \right] \Bigg|_{s=p_1}$$

其余系数 $K_{r+1}, K_{r+2}, \cdots, K_n$ 的求法与 $F(s)$ 无重极点的情况所述的方法相同，即

$$K_j = \left[ F(s)(s-p_j) \right] \Big|_{s=p_j} = \frac{B(p_j)}{A'(p_j)} \qquad (j = r+1, r+2, \cdots, n)$$

求得所有的待定系数后，$F(s)$ 的反变换为

$$f(t) = L^{-1}\left[ F(s) \right] = \left[ \frac{K_{11}}{(r-1)!} t^{r-1} + \frac{K_{12}}{(r-2)!} t^{r-2} + \cdots + K_{1r} \right] \mathrm{e}^{p_1 t} + K_{r+1}\mathrm{e}^{p_{r+1} t} + K_{r+2}\mathrm{e}^{p_{r+2} t} + \cdots + K_n\mathrm{e}^{p_n t}$$

**2．使用 MatLab 函数求解原函数**

利用 MatLab 函数 residue 完成原函数展开成部分分式，将原函数的有理分式的分子和分母多项式的系数作为输入数据，调用 residue 函数输出就是极点与部分分式中的常数，再查拉氏变换表就可得到原函数。

# 2.6　用拉氏变换解常微分方程

用拉氏变换方法解常微分方程，首先通过拉氏变换将常微分方程化为象函数的代数方程，进而解出象函数，最后由拉氏反变换求得常微分方程的解。

 习题与解答

**2-1**　试求下列函数的拉氏变换，假设当 $t<0$ 时，$f(t)=0$。

（1）$f(t) = 5(1-\cos 3t)$。

（2）$f(t) = \mathrm{e}^{-0.5t} \cos 10t$。

（3）$f(t) = \sin\left( 5t + \frac{\pi}{3} \right)$。

（4）$f(t) = t^n \mathrm{e}^{at}$。

解：

（1）

$$\begin{aligned}
F(s) &= L\left[ f(t) \right] = L\left[ 5(1-\cos 3t) \right] = L\left[ 5(1-\cos 3t) \right] \\
&= L[5] - L[5\cos 3t] \\
&= \frac{5}{s} - 5\frac{s}{s^2+9}
\end{aligned}$$

（2）

$$\begin{aligned}
F(s) &= L\left[ f(t) \right] = L\left[ \mathrm{e}^{-0.5t} \cos 10t \right] \\
&= \frac{s+0.5}{(s+0.5)^2 + 10^2}
\end{aligned}$$

［注］复域的位移定理

$$L\left[\mathrm{e}^{-at}f(t)\right]=F(s+a)$$

（3）

$$F(s)=L\left[f(t)\right]=L\left[\sin\left(5t+\frac{\pi}{3}\right)\right]$$

$$=L\left[\sin 5t\cos\frac{\pi}{3}+\cos 5t\sin\frac{\pi}{3}\right]$$

$$=\frac{1}{2}L\left[\sin 5t\right]+\frac{\sqrt{3}}{2}L\left[\cos 5t\right]$$

$$=\frac{2.5}{s^2+5^2}+\frac{\sqrt{3}}{2}\cdot\frac{s}{s^2+5^2}$$

$$\frac{5+\sqrt{3}s}{2\left(s^2+25\right)}$$

（4）

$$F(s)=L\left[f(t)\right]=L\left[t^n\mathrm{e}^{at}\right]$$

$$=\frac{n!}{\left(s-a\right)^{n+1}}$$

［注］复数域的位移定理

$$f(t)=t^n$$

$$L\left[\mathrm{e}^{-at}f(t)\right]=F(s+a)$$

**2-2** 求下列函数的拉氏变换。

（1） $f(t)=2t+3t^3+2\mathrm{e}^{-3t}$。

（2） $f(t)=t^3\mathrm{e}^{-3t}+\mathrm{e}^{-t}\cos 2t+\mathrm{e}^{-3t}\sin 4t\,(t\geq 0)$。

（3） $f(t)=5\cdot 1(t-2)+(t-1)^2\mathrm{e}^{2t}$。

（4） $f(t)=\begin{cases}\sin t & (0\leq t\leq\pi)\\ 0 & (t<0,t>\pi)\end{cases}$。

解：（1）

$$F(s)=L\left[f(t)\right]=L\left[2t+3t^3+2\mathrm{e}^{-3t}\right]$$

$$=L[2t]+L\left[3t^3\right]+L\left[2\mathrm{e}^{-3t}\right]$$

$$=2L[t]+3L\left[t^3\right]+2L\left[\mathrm{e}^{-3t}\right]$$

$$=2\cdot\frac{1}{s^2}+\frac{3\times 6}{s^4}+\frac{2}{s+3}$$

$$=\frac{2}{s^2}+\frac{18}{s^4}+\frac{2}{s+3}$$

（2）

$$F(s) = L\big[f(t)\big] = L\big[t^3 e^{-3t} + e^{-t}\cos 2t + e^{-3t}\sin 4t\big]$$

$$= L\big[t^3 e^{-3t}\big] + L\big[e^{-t}\cos 2t\big] + L\big[e^{-3t}\sin 4t\big]$$

$$= \frac{6}{(s+3)^4} + \frac{s+1}{(s+1)^2 + 4} + \frac{4}{(s+3)^2 + 16}$$

（3）

$$F(s) = L\big[f(t)\big] = L\big[5\cdot 1(t-2) + (t-1)^2 e^{2t}\big]$$

$$= L\big[5\cdot 1(t-2)\big] + L\big[(t-1)^2 e^{2t}\big]$$

$$= \frac{5e^{-2s}}{s} + L\big[t^2 e^{2t} - 2t\cdot e^{2t} + e^{2t}\big]$$

$$= \frac{5e^{-2s}}{s} + L\big[t^2 e^{2t}\big] - L\big[2t\cdot e^{2t}\big] + L\big[e^{2t}\big]$$

$$= \frac{5e^{-2s}}{s} + \frac{2}{(s-2)^3} - \frac{2}{(s-2)^2} + \frac{1}{s-2}$$

（4）

$$F(s) = L\big[f(t)\big] = \int_0^\pi \sin\cdot e^{-st}\mathrm{d}t = \int_0^\pi e^{-st}\mathrm{d}(-\cos t)$$

$$= -e^{-st}\cdot \cos t\Big|_0^\pi - \int_0^\pi -\cos t\,\mathrm{d}e^{-st}$$

$$= e^{-\pi s} + 1 - s\int_0^\pi \cos t\,e^{-st}\mathrm{d}t$$

$$= e^{-\pi s} + 1 - s\int_0^\pi e^{-st}\mathrm{d}\sin t$$

$$= e^{-\pi s} + 1 - s\left[e^{-st}\cdot \sin t\Big|_0^\pi - \int_0^\pi \sin t\,\mathrm{d}e^{-st}\right]$$

$$= e^{-\pi s} + 1 - s\left(0 + s\int_0^\pi e^{-st}\sin t\,\mathrm{d}t\right)$$

$$= e^{-\pi s} + 1 - s^2\int_0^\pi \sin t\,e^{-st}\mathrm{d}t$$

$$= e^{-\pi s} + 1 - s^2 F(s)$$

$$F(s) = \frac{e^{-\pi s} + 1}{1 + s^2}$$

**2-3**　已知 $F(s) = \dfrac{10}{s(s+1)}$。

利用终值定理，求 $t \to \infty$ 时的 $f(t)$ 值。

通过取 $F(s)$ 的拉氏反变换，求 $t \to \infty$ 时的 $f(t)$ 值。

解：

（1）

$$\lim_{t\to\infty} f(t) = \lim_{s\to 0} s\cdot F(s) = \lim_{s\to 0} s\cdot \frac{10}{s(s+1)}$$

$$= \lim_{s\to 0} \frac{10}{s+1} = 10$$

（2）

$$F(s) = \frac{10}{s(s+1)} = \frac{10}{s} - \frac{10}{s+1}$$

$$f(t) = L^{-1}\left[F(s)\right] = L^{-1}\left[\frac{10}{s} - \frac{10}{s+1}\right]$$

$$= L^{-1}\left[\frac{10}{s}\right] - L^{-1}\left[\frac{10}{s+1}\right]$$

$$= 10 - 10\mathrm{e}^{-t}$$

$$\lim_{t\to\infty} f(t) = \lim_{t\to\infty}\left(10 - 10\mathrm{e}^{-t}\right) = 10$$

**2-4** 已知 $F(s) = \dfrac{1}{(s+2)^2}$。利用初值定理求 $f(0^+)$ 和 $f'(0^+)$ 的值。通过取 $F(s)$ 的拉氏反变换求 $f(t)$，再求 $f'(t)$，然后求 $f(0^+)$ 和 $f'(0^+)$。

解：

（1） $F(s) = \dfrac{1}{(s+2)^2}$

根据拉氏变换的微分特性得知 $f'(t)$ 的拉氏变换为

$$f(0^+) = \lim_{t\to 0^+} f(t) = \lim_{s\to\infty} sF(s) = \lim_{s\to\infty} s\frac{1}{(s+2)^2} = 0$$

$$L_+[f'(t)] = sF(s) - f(0^+) = \frac{s}{(s+2)^2} - 0 = \frac{s}{(s+2)^2}$$

再次利用初值定理得

$$f'(0^+) = \lim_{t\to 0^+} f'(t) = \lim_{s\to\infty} s\frac{s}{(s+2)^2} = 1$$

（2）

$$f(t) = L^{-1}\left[F(s)\right] = L^{-1}\left[\frac{1}{(s+2)^2}\right] = t\mathrm{e}^{-2t}$$

$$f'(t) = \frac{\mathrm{d}f(t)}{\mathrm{d}t} = \frac{\mathrm{d}\left(t\mathrm{e}^{-2t}\right)}{\mathrm{d}t} = \mathrm{e}^{-2t} - 2t\mathrm{e}^{-2t} = \left(1 - 2t\right)\mathrm{e}^{-2t}$$

$$f(0^+) = \lim_{t\to 0^+} f(t) = \lim_{t\to 0^+} t\mathrm{e}^{-2t} = 0$$

$$f'(0^+) = \lim_{t\to 0^+} f(t) = \lim_{t\to 0^+}\left(\mathrm{e}^{-2t} - 2t\mathrm{e}^{-2t}\right) = 1$$

**2-5** 求图 2-1 所示的各种波形所表示的函数的拉氏变换。

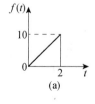 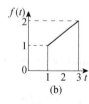 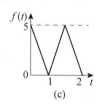

图 2-1

（a）方法一：按定义有

$$F(s) = \int_0^\infty f(t)e^{-st}dt = \int_0^2 5te^{-st}dt = -\frac{1}{s}\int_0^2 5tde^{-st}$$

$$= -\frac{1}{s}\left(5te^{-st}\bigg|_0^2 - 5\int_0^2 e^{-st}dt\right) = -\frac{10e^{-2s}}{s} + \frac{5}{s}\left(-\frac{1}{s}\right)e^{-st}\bigg|_0^2$$

$$= -\frac{10e^{-2s}}{s} - \frac{5e^{-2s}}{s^2} + \frac{5}{s^2}$$

方法二：利用线性叠加和延时定理

$$f(t) = 5t - 5(t-2) - 10 \cdot 1(t-2)$$

$$F(s) = \frac{5}{s^2} - \frac{5e^{-2s}}{s^2} - \frac{10e^{-2s}}{s}$$

（b）$f(t) = 0.5(t+1)$ 取其 $t$ 从 1-3 部分

$$F(s) = \int_1^3 0.5(t+1)e^{-st}dt = \int_1^3 0.5te^{-st}dt + \int_1^3 0.5e^{-st}dt$$

$$= -\frac{0.5}{s}\int_1^3 tde^{-st} - \frac{0.5}{s}e^{-st}\bigg|_1^3$$

$$= -\frac{0.5}{s}te^{-3s}\bigg|_1^3 + \frac{0.5}{s}\int_1^3 e^{-st}dt + \left(-\frac{0.5}{s}e^{-3s} + \frac{0.5}{s}e^{-s}\right)$$

$$= -\frac{1.5}{s}e^{-3s} + \frac{0.5}{s}e^{-s} - \frac{0.5}{s^2}e^{-st}\bigg|_1^3 - \frac{0.5}{s}e^{-3s} + \frac{0.5e^{-s}}{s}$$

$$= -\frac{1.5}{s}e^{-3s} + \frac{0.5}{s}e^{-s} - \frac{0.5}{s^2}e^{-3s} + \frac{0.5}{s^2}e^{-s} - \frac{0.5}{s}e^{-3s} + \frac{0.5e^{-s}}{s}$$

$$= \frac{e^{-s}}{s} + \frac{1}{2}\cdot\frac{e^{-s}}{s^2} - \frac{1}{2}\cdot\frac{e^{-3s}}{s^2} - \frac{2}{s}e^{-3s}$$

（c）利用拉氏变换的积分特性

$$g(t) = f'(t) = 5\delta(t) + [-5\times1(t) + 5\times1(t-1)] + [5\times1(t-1) - 5\times1(t-2)] + [-5\times1(t-2) + 5\times1(t-3)]$$

$$= 5\delta(t) - 5\times1(t) + 10\times1(t-1) - 10\times1(t-2) + 5\times1(t-3)$$

$$G(s) = L[g(t)] = L[f'(t)] = 5L[\delta(t)] - 5L[1(t)] + 10L[1(t-1)] - 10L[1(t-2)] + 5L[1(t-3)]$$

$$= 5 - \frac{5}{s} + \frac{10}{s}e^{-s} - \frac{10}{s}e^{-2s} + \frac{5}{s}e^{-3s}$$

根据拉氏变换的积分特性得

$$F(s) = L\left[\int_0^t g(t)dt\right] = \frac{G(s)}{s} = \frac{5}{s} - \frac{5}{s^2} + \frac{10}{s^2}e^{-s} - \frac{10}{s^2}E^{-2s} + \frac{5}{s^2}e^{-3s}$$

**2-6** 试求下列象函数的拉氏变换。

（1）$F(s) = \dfrac{1}{s^2+4}$。

（2）$F(s) = \dfrac{s}{s^2-2s+5} + \dfrac{s+1}{s^2+9}$。

（3）$F(s) = \dfrac{1}{s(s+1)}$。

（4）$F(s) = \dfrac{s+1}{(s+2)(s+3)}$。

（5）$F(s) = \dfrac{4(s+3)}{(s+2)^2(s+1)}$。

（6）$F(s) = \dfrac{\mathrm{e}^{-s}}{s-1}$。

（7）$F(s) = \dfrac{s^2+5s+2}{(s+2)(s^2+2s+2)}$

解：

（1）
$$f(t) = L^{-1}\big[F(s)\big] = L^{-1}\left[\frac{1}{s^2+4}\right] = \frac{1}{2}\sin 2t$$

（2）
$$f(t) = L^{-1}\big[F(s)\big] = L^{-1}\left[\frac{s}{s^2-2s+5} + \frac{s+1}{s^2+9}\right] = L^{-1}\left[\frac{s}{s^2-2s+5}\right] + L^{-1}\left[\frac{s+1}{s^2+9}\right]$$
$$= L^{-1}\left[\frac{(s-1)+1}{(s-1)^2+4}\right] + L^{-1}\left[\frac{s}{s^2+9}\right] + L^{-1}\left[\frac{1}{s^2+9}\right]$$
$$= \mathrm{e}^t\cos 2t + \frac{1}{2}\mathrm{e}^t\sin 2t + \cos 3t + \frac{1}{3}\sin 3t$$

（3）
$$f(t) = L^{-1}\big[F(s)\big] = L^{-1}\left[\frac{1}{s(s+1)}\right] = L^{-1}\left[\frac{1}{s} - \frac{1}{s+1}\right] = L^{-1}\left[\frac{1}{s}\right] - L^{-1}\left[\frac{1}{s+1}\right]$$
$$= 1 - \mathrm{e}^{-t}$$

（4）
$$f(t) = L^{-1}\big[F(s)\big] = L^{-1}\left[\frac{s+1}{(s+2)(s+3)}\right] = L^{-1}\left[\frac{-1}{s+2} + \frac{2}{s+3}\right]$$
$$= L^{-1}\left[\frac{-1}{s+2}\right] + L^{-1}\left[\frac{2}{s+3}\right] = -\mathrm{e}^{-2t} + 2\mathrm{e}^{-3t}$$

（5）
$$f(t) = L^{-1}\big[F(s)\big] = L^{-1}\left[\frac{4(s+3)}{(s+2)^2(s+1)}\right] = L^{-1}\left[\frac{-4}{(s+2)^2} + \frac{-8}{s+2} + \frac{8}{s+1}\right]$$
$$= L^{-1}\left[\frac{-4}{(s+2)^2}\right] - L^{-1}\left[\frac{8}{s+2}\right] + L^{-1}\left[\frac{8}{s+1}\right]$$
$$= -4t\mathrm{e}^{-2t} - 8\mathrm{e}^{-2t} + 8\mathrm{e}^{-t}$$

（6）
$$f(t) = L^{-1}\big[F(s)\big] = L^{-1}\left[\frac{\mathrm{e}^{-s}}{s-1}\right] = \mathrm{e}^{t-1}\cdot 1(t-1)$$

（7）

$$f(t) = L^{-1}[F(s)] = L^{-1}\left[\frac{s^2 + 5s + 2}{(s+2)(s^2 + 2s + 2)}\right] = L^{-1}\left[\frac{-2}{s+2}\right] + L^{-1}\left[\frac{3s+3}{s^2 + 2s + 2}\right]$$

$$= -2e^{-2t} + L^{-1}\left[\frac{3(s+1)}{(s+1)^2 + 1}\right] = -2e^{-2t} + 3e^{-t}\cos t$$

**2-7** 求下列卷积。

（1）1*1。

（2）t*t。

（3）t*e^t。

（4）t*sint。

解：（1）

$$\because L[f(t) * g(t)] = F(s)G(s)$$

$$\therefore f(t) * g(t) = L^{-1}[F(s)G(s)]$$

$$\because L[1 * 1] = \frac{1}{s} \cdot \frac{1}{s} = \frac{1}{s^2}$$

$$\therefore 1 * 1 = L^{-1}\left[\frac{1}{s^2}\right] = t$$

（2）

$$\because L[t * t] = \frac{1}{s^2} \cdot \frac{1}{s^2} = \frac{1}{s^4}$$

$$\therefore t * t = L^{-1}\left[\frac{1}{s^4}\right] = \frac{t^3}{3!} = \frac{t^3}{6}$$

（3）

$$\because L[t * e^t] = \frac{1}{s^2} \cdot \frac{1}{s-1} = -\frac{1}{s} - \frac{1}{s^2} + \frac{1}{s-1}$$

$$\therefore t * e^t = L^{-1}\left[\frac{1}{s^2(s-1)}\right] = L^{-1}\left[-\frac{1}{s} - \frac{1}{s^2} + \frac{1}{s-1}\right]$$

$$= L^{-1}\left[-\frac{1}{s}\right] + L^{-1}\left[-\frac{1}{s^2}\right] + L^{-1}\left[\frac{1}{s-1}\right]$$

$$= -1 - t + e^t$$

（4）

$$\because L[t * \sin t] = \frac{1}{s^2} \cdot \frac{1}{s^2 + 1} = \frac{1}{s^2} - \frac{1}{s^2 + 1}$$

$$\therefore t * \sin t = L^{-1}\left[\frac{1}{s^2(s^2 + 1)}\right] = L^{-1}\left[\frac{1}{s^2} - \frac{1}{s^2 + 1}\right]$$

$$= L^{-1}\left[\frac{1}{s^2}\right] - L^{-1}\left[\frac{1}{s^2 + 1}\right]$$

$$= t - \sin t$$

**2-8** 用拉氏变换的方法求下列微分方程。

（1）$\ddot{x} + 2\dot{x} + 2x = 0, x(0) = 0, \dot{x}(0) = 1$。

（2）$2\ddot{x} + 7\dot{x} + 3x = 0, x(0) = x_0, \dot{x}(0) = 0$。

（3）$\ddot{x} + 2\dot{x} + 5x = 3, x(0) = 0, \dot{x}(0) = 0$。

（4）$\ddot{x} + 2\zeta\omega_n\dot{x} + \omega_n^2 x = 0, x(0) = A, \dot{x}(0) = B$。

解：

（1）对式进行拉普拉斯变换得

$$s^2 X(s) - sx(0) - \dot{x}(0) + 2[sX(s) - x(0)] + 2X(s) = 0$$

整理得

$$X(s) = \frac{sx(0) + 2x(0) + \dot{x}(0)}{s^2 + 2s + 2}$$

代入初值得

$$X(s) = \frac{1}{s^2 + 2s + 2} = \frac{1}{(s+1)^2 + 1}$$

$$x(t) = L^{-1}[X(s)] = L^{-1}\left[\frac{1}{(s+1)^2 + 1}\right] = e^{-t}\sin t$$

（2）对式进行拉普拉斯变换得

$$2[s^2 X(s) - sx(0) - \dot{x}(0)] + 7[sX(s) - x(0)] + 3X(s) = 0$$

整理并代入初值得

$$X(s) = \frac{2sx(0) + 7x(0) + 2s\dot{x}(0)}{2s^2 + 7s + 3} = \frac{2sx_0 + 7x_0}{2s^2 + 7s + 3} = \frac{\frac{6}{5}x_0}{s + \frac{1}{2}} - \frac{\frac{1}{5}x_0}{s + 3}$$

$$x(t) = L^{-1}[X(s)] = L^{-1}\left[\frac{\frac{6}{5}x_0}{s + \frac{1}{2}} - \frac{\frac{1}{5}x_0}{s + 3}\right] = \frac{6}{5}x_0 e^{-\frac{1}{2}t} - \frac{1}{5}x_0 e^{-3t}$$

（3）对式进行拉普拉斯变换得

$$s^2 X(s) + 2sX(s) + 5X(s) = \frac{3}{s}$$

整理并代入初值得

$$X(s) = \frac{\frac{3}{s}}{s^2 + 2s + 5} = \frac{3}{s[s^2 + 2s + 5]} = \frac{\frac{3}{5}}{s} - \frac{\frac{3}{5}s + \frac{6}{5}}{s^2 + 2s + 5}$$

$$= \frac{\frac{3}{5}}{s} - \frac{\frac{3}{5}(s+1)}{(s+1)^2 + 2^2} - \frac{\frac{3}{5}}{(s+1)^2 + 2^2}$$

$$x(t) = L^{-1}\left[X(s)\right] = L^{-1}\left[\frac{\dfrac{3}{5}}{s} - \frac{\dfrac{3}{5}(s+1)}{(s+1)^2 + 2^2} - \frac{\dfrac{3}{5}}{(s+1)^2 + 2^2}\right]$$

$$= L^{-1}\left[\frac{\dfrac{3}{5}}{s}\right] - L^{-1}\left[\frac{\dfrac{3}{5}(s+1)}{(s+1)^2 + 2^2}\right] - L^{-1}\left[\frac{\dfrac{3}{5}}{(s+1)^2 + 2^2}\right]$$

$$= \frac{3}{5} - \frac{3}{5}\cos 2t \cdot e^{-t} - \frac{3}{5} \cdot \frac{1}{2}\sin 2t \cdot e^{-t}$$

$$= \frac{3}{5} - \frac{3}{5}e^{-t}\cos 2t - \frac{3}{10}e^{-t}\sin 2t$$

（4）对式进行拉普拉斯变换得

$$s^2 X(s) - sx(0) - \dot{x}(0) + 2\zeta\omega_n\left[sX(s) - x(0)\right] + \omega_n^2 X(s) = 0$$

即

$$s^2 X(s) - sx(0) - \dot{x}(0) + 2\zeta\omega_n s X(s) - 2\zeta\omega_n x(0) + \omega_n^2 X(s) = 0$$

$$X(s) = \frac{sx(0) + \dot{x}(0) + 2\zeta\omega_n x(0)}{s^2 + 2\zeta\omega_n s + \omega_n^2} = \frac{As + B + 2\zeta\omega_n A}{s^2 + 2\zeta\omega_n s + \omega_n^2}$$

$$= \frac{A(s + \zeta\omega_n) - A\zeta\omega_n}{(s + \zeta\omega_n)^2 + \omega_d^2} + \frac{B + 2\zeta\omega_n A}{(s + \zeta\omega_n)^2 + \omega_d^2}$$

$$= \frac{A(s + \zeta\omega_n)}{(s + \zeta\omega_n)^2 + \omega_d^2} - \frac{A\zeta\omega_n}{\omega_d} \cdot \frac{\omega_d}{(s + \zeta\omega_n)^2 + \omega_d^2} + \frac{B + 2\zeta\omega_n A}{\omega_d} \cdot \frac{\omega_d}{(s + \zeta\omega_n)^2 + \omega_d^2}$$

$$x(t) = L^{-1}\left[X(s)\right] = A e^{-\zeta\omega_n t}\cos\omega_d t - \frac{A\zeta}{\sqrt{1-\zeta^2}}e^{-\zeta\omega_n t}\sin\omega_d t + \frac{B + 2\zeta\omega_n A}{\omega_n\sqrt{1-\zeta^2}}e^{-\zeta\omega_n t}\sin\omega_d t$$

$$= -\frac{A e^{-\zeta\omega_n t}}{\sqrt{1-\zeta^2}}\left(\zeta\sin\omega_d t - \sqrt{1-\zeta^2}\cos\omega_d t\right) + \frac{B + 2\zeta\omega_n A}{\omega_n\sqrt{1-\zeta^2}}e^{-\zeta\omega_n t}\sin\left(\omega_n\sqrt{1-\zeta^2}\,t\right)$$

$$= -\frac{A e^{-\zeta\omega_n t}}{\sqrt{1-\zeta^2}}\left(\sin\omega_d t\cos\theta - \cos\omega_d t\sin\theta\right) + \frac{B + 2\zeta\omega_n A}{\omega_n\sqrt{1-\zeta^2}}e^{-\zeta\omega_n t}\sin\left(\omega_n\sqrt{1-\zeta^2}\,t\right)$$

$$= -\frac{A e^{-\zeta\omega_n t}}{\sqrt{1-\zeta^2}}\sin\left(\omega_d t - \theta\right) + \frac{B + 2\zeta\omega_n A}{\omega_n\sqrt{1-\zeta^2}}e^{-\zeta\omega_n t}\sin\left(\omega_n\sqrt{1-\zeta^2}\,t\right)$$

$$= -\frac{A e^{-\zeta\omega_n t}}{\sqrt{1-\zeta^2}}\sin\left(\omega_n\sqrt{1-\zeta^2}\,t - \arctan\frac{\sqrt{1-\zeta^2}}{\zeta}\right) + \frac{B + 2\zeta\omega_n A}{\omega_n\sqrt{1-\zeta^2}}e^{-\zeta\omega_n t}\sin\left(\omega_n\sqrt{1-\zeta^2}\,t\right)$$

备注：

（1）$L^{-1}\left[\dfrac{s + \zeta\omega_n}{(s + \zeta\omega_n)^2 + \omega_d^2}\right] = e^{-\zeta\omega_n t}\cos\omega_d t$ ，$\quad L^{-1}\left[\dfrac{\omega_d}{(s + \zeta\omega_n)^2 + \omega_d^2}\right] = E^{-\zeta\omega_n t}\sin\omega_d t$

$\omega_d = \omega_n\sqrt{1-\zeta^2}$

（2）

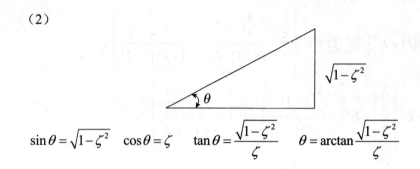

$$\sin\theta = \sqrt{1-\zeta^2} \quad \cos\theta = \zeta \quad \tan\theta = \frac{\sqrt{1-\zeta^2}}{\zeta} \quad \theta = \arctan\frac{\sqrt{1-\zeta^2}}{\zeta}$$

# 第 3 章 系统的数学模型

## 学习目的与要求

通过本章的学习，明确为了分析和研究机械工程系统（特别是机、电综合系统）的动态特性，或者对它们进行控制，最重要的一步是建立系统的数学模型；明确数学模型的含义，掌握采用解析法建立一些简单机、电系统的数学模型的方法；掌握传递函数的定义、特点及其 8 个典型环节的表达式；掌握框图的表达特点及其简化原则；理解数学模型、传递函数与框图之间的关系。

## 考核知识点与考核要求

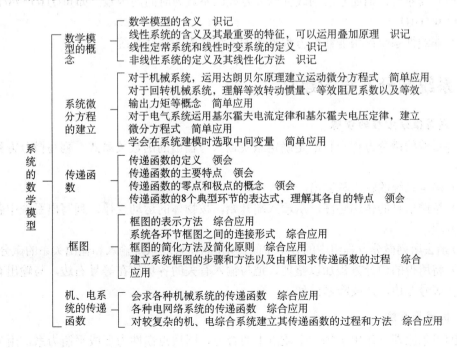

**重点与难点**

本章重点：学习如何采用分析法建立机械、电路系统的数学模型（包括微分方程、传递函数、框图），如何对框图进行简化求传递函数。

本章难点：建模时如何选中间变量，对机械系统如何进行受力分析，如何根据微分方程建立系统框图并通过简化框图求传递函数。

内容提要

# 3.1 概述

### 1. 数学模型

数学模型是系统动态特性的数学表达式。建立数学模型是分析、研究一个动态系统特性的前提，是非常重要同时也是较困难的工作。一个合理的数学模型应以最简化的形式准确地描述系统的动态特性。建立系统的数学模型有两种方法：分析法和实验法。

### 2. 线性系统与非线性系统

（1）线性系统：若系统的数学模型表达式是线性的，则这种系统就是线性系统。线性系统根据其微分方程系数的特点又可分为两种。

线性定常系统：用线性常微分方程描述的系统，如 $a\ddot{y}(t) + b\dot{y}(t) + cy(t) = \mathrm{d}x(t)$，式中，$a$，$b$，$c$，$d$ 均为常数。

线性时变系统：描述系统的线性微分方程的系数为时间的函数，如 $a(t)\ddot{y}(t) + b(t)\dot{y}(t) + c(t)y(t) = \mathrm{d}(t)x(t)$

（2）非线性系统：用非线性方程描述的系统称为非线性系统。

# 3.2 系统微分方程的建立

### 1. 列写微分方程的步骤

列写系统的微分方程，目的是确定系统输入与输出的函数关系式。列写微分方程的一般步骤：

（1）确定系统的输入和输出。

（2）按照信息的传递顺序，从输入端开始，按物体的运动规律，列写出系统中各环节的微分方程。

（3）消去所列微分方程组中的各个中间变量，获得描述系统输入和输出关系的微分方程。

（4）将所得的微分方程加以整理，把与输入有关的各项放在等号右边，与输出有关的各项放在等号左边，并按降幂排列。

### 2. 机械等系统

达朗贝尔原理：作用于每一个质点上的合力，同质点惯性力形成平衡力系，用公式表

达为

$$-m_i \ddot{x}_i(t) + \sum f_i(t) = 0$$

式中，$\sum f_i(t)$——作用在第 $i$ 个质点上力的合力；

$-m_i \ddot{x}_i(t)$——质量为 $m_i$ 的质点的惯性力。

类似，还有液压系统、电网络系统等，都可依据相关原理建立系统的表达式。

# 3.3　传递函数

## 1．传递函数

对单输入-单输出线性定常系统，在初始条件为零的条件下，传递函数为系统输出量的拉氏变换与输入量的拉氏变换之比。$G(s)$ 为系统的传递函数：

$$G(s) = \frac{Y(s)}{X(s)} = \frac{b_m s^m + b_{m-1} s^{m-1} + \cdots + b_0}{a_n s^n + a_{n-1} s^{n-1} + \cdots + a_0}$$

传递函数的特点：

（1）传递函数的概念只适用于线性定常系统，它只反映系统在零初始条件下的动态性能。当初始条件不为零时，可以采用在平衡状态下增量化的求解方法来处理。

（2）系统传递函数反映系统本身的动态特性，只与系统本身的参数有关，与外界输入无关。

（3）对于物理可实现系统，传递函数分母中 $s$ 的阶次 $n$ 必不小于分子中 $s$ 的阶次 $m$。

（4）一个传递函数只能表示一对输入、输出间的关系。

（5）传递函数不说明被描述的系统的物理结构，不同性质的物理系统，只要其动态特性相同，就可以用同一类型的传递函数来描述。

## 2．传递函数的典型环节

比例环节：微分方程，$y(t) = Kx(t)$；传递函数，$G(s) = \dfrac{Y(s)}{X(s)} = K$。

积分环节：微分方程，$y(t) = \dfrac{1}{T} \int x(t) \mathrm{d}t$；传递函数，$G(s) = \dfrac{Y(s)}{X(s)} = \dfrac{1}{Ts}$。

微分环节：微分方程，$y(t) = T \dfrac{\mathrm{d}x(t)}{\mathrm{d}t}$；传递函数，$G(s) = \dfrac{Y(s)}{X(s)} = Ts$。

惯性环节：微分方程，$T \dfrac{\mathrm{d}y(t)}{\mathrm{d}t} + y(t) = x(t)$；传递函数，$G(s) = \dfrac{Y(s)}{X(s)} = \dfrac{1}{Ts+1}$。

一阶微分环节：微分方程，$y(t) = T \dfrac{\mathrm{d}x(t)}{\mathrm{d}t} + x(t)$；传递函数，$G(s) = \dfrac{Y(s)}{X(s)} = Ts + 1$。

振荡环节：微分方程，$T^2 \dfrac{\mathrm{d}^2 y(t)}{\mathrm{d}t^2} + 2\zeta T \dfrac{\mathrm{d}y(t)}{\mathrm{d}t} + y(t) = x(t)$；传递函数，$G(s) = \dfrac{Y(s)}{X(s)} =$

$\dfrac{1}{T^2 s^2 + 2\zeta T S + 1}$；标准形式，$G(s) = \dfrac{Y(s)}{X(s)} = \dfrac{\omega_n^2}{s^2 + 2\zeta \omega_n s + \omega_n^2}$。

二阶微分环节：微分方程，$y(t) = T^2 \dfrac{\mathrm{d}^2 x(t)}{\mathrm{d}t^2} + 2\zeta T \dfrac{\mathrm{d}x(t)}{\mathrm{d}t} + x(t)$；传递函数，$G(s) = \dfrac{Y(s)}{X(s)} = T^2 s^2 + 2\zeta Ts + 1$。

延时环节：微分方程，$y(t) = x(t - \tau)$；传递函数，$G(s) = \dfrac{Y(s)}{X(s)} = \mathrm{e}^{-\tau s}$。

# 3.4 框图

## 1．框图

框图是系统中各环节的功能和信号流向的图解表示方法。框图的组成元素有方块、信号线、分支点和相加点。

## 2．动态系统的构成

任何动态系统和过程都是由内部的各个环节构成，为了求出整个系统的传递函数，可以先画出系统的框图，并注明系统各环节之间的联系。系统中各环节之间的联系归纳起来有以下几种。

（1）串联

各环节的传递函数一个个顺序连接，称为串联。串联系统及其等效框图如图 3-1 所示。

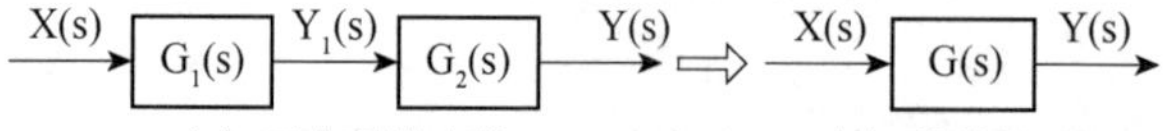

图中信号线标注：X(s) → G₁(s) → Y₁(s) → G₂(s) → Y(s) ⟹ X(s) → G(s) → Y(s)

(a) 两个环节串联　　　　　(b) 等效框图

图 3-1

$$G(s) = \frac{Y(s)}{X(s)} = \frac{Y_1(s)}{X(s)} \cdot \frac{Y(s)}{Y_1(s)} = G_1(s)G_2(s)$$

当系统是由 $n$ 个环节串联而成时，总传递函数等于各环节传递函数的乘积，即

$$G(s) = \prod_{i=1}^{n} G_i(s)$$

式中，$G_i(s)\,(i = 1, 2, \cdots, n)$ 表示第 $i$ 个串联环节的传递函数。

（2）并联

凡是几个环节的输入相同，输出相加或相减的连接形式称为并联。并联系统及其等效框图如图 3-2 所示。

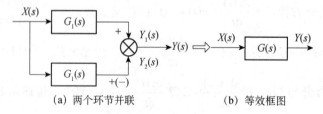

(a) 两个环节并联　　　　　(b) 等效框图

图 3-2

当系统是由 $n$ 个环节并联，其总的传递函数等于各并联环节传递函数的代数和，即

$$G(s) = \sum_{i=1}^{n} G_i(s)$$

式中，$G_i(s) \, (i = 1, 2, \cdots, n)$ 为第 $i$ 个并联环节的传递函数。

（3）反馈连接

反馈是将系统或某一环节的输出量，全部或部分地通过传递函数回输到输入端，又重新输入到系统中。

由反馈连接构成的基本闭环系统及其等效框图如图 3-3 所示。

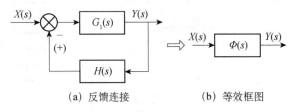

(a) 反馈连接　　　　　　(b) 等效框图

图 3-3

反馈联接的传递函数为：

$$\frac{Y(s)}{X(s)} = \frac{G(s)}{1 \pm G(s)H(s)}$$

**3．框图的等效变换及简化**

框图简化过程中应遵守的两条基本原则：

① 前向通道的传递函数保持不变。

② 各反馈回路的传递函数保持不变。

习题与解答

3-1　列出图 3-4 所示各种机械系统的运动微分方程式。图中未注明的 $x(t)$ 为输入位移，$y(t)$ 为输出位移。

解：（a）对 $y(t)$ 点利用牛顿第二定律得

$$-B\dot{y}(t) - k[y(t) - x(t)] = 0$$

即，

$$B\dot{y}(t) + ky(t) = kx(t)$$

（b）对 $m$ 利用牛顿第二定律得

$$-B\dot{y}(t) - k[y(t) - x(t)] = m\ddot{y}(t)$$

即，

$$m\ddot{y}(t) + B\dot{y}(t) + ky(t) = kx(t)$$

（c）对 $y(t)$ 点利用牛顿第二定律得

$$-k_2 y(t) - B[\dot{y}(t) - \dot{x}(t)] - k_1[y(t) - x(t)] = 0$$

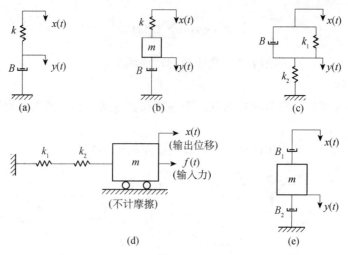

图 3-4

即，

$$B\dot{y}(t)+(k_1+k_2)y(t)=B\dot{x}(t)+k_1x(t)$$

（d）方法一：由牛顿定律有

$$f(t)-k'x(t)=m\ddot{x}(t)$$

其中，$k'=\dfrac{1}{\dfrac{1}{k_1}+\dfrac{1}{k_2}}=\dfrac{k_1k_2}{k_1+k_2}$

整理得，

$$m\ddot{x}(t)+\frac{k_1k_2}{k_1+k_2}x(t)=f(t)$$

方法二：设中间变量为弹簧 $k_2$ 的位移 $x_1(t)$，且 $x_1(t)<x(t)$，取分离体并进行受力分析，如图 3-5 所示。

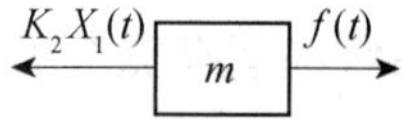

$$\xleftarrow{K_2X_1(t)}\boxed{m}\xrightarrow{f(t)}$$

图 3-5

列写平衡方程为

$$k_2x_1(t)+m\ddot{x}(t)=f(t)$$
$$k_1\big(x(t)-x_1(t)\big)=k_2x_1(t)$$

消去中间变量 $x_1$，可得

$$m\ddot{x}(t)+\frac{k_1k_2}{k_1+k_2}x(t)=f(t)$$

（e）对 $m$ 利用牛顿第二定律得

$$-B_2\dot{y}(t)-B_1\big[\dot{y}(t)-\dot{x}(t)\big]=m\ddot{y}(t)$$

即，

$$m\ddot{y}(t)+(B_1+B_2)\dot{y}(t)=B_1\dot{x}(t)$$

**3-2**　列出图 3-6 所示系统的运动微分方程式，并求输入轴上的等效转动惯量 $J$ 和等效阻尼系数 $B$。图中 $T_1$、$\theta_1$ 为输入转矩及转角，$T_L$ 为输出转矩，$n_1$、$n_2$ 分别为输入和输出轴上齿轮的齿数。

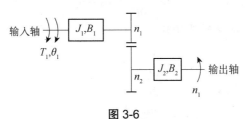

图 3-6

解：设中间变量 $T_1'$，$T_2$，可列动力学方程式

$$T_1 = J_1\ddot{\theta}_1 + B_1\dot{\theta}_1 + T_1'$$

$$T_2 = J_2\ddot{\theta}_2 + B_2\dot{\theta}_2 + T_L'$$

$$\frac{T_1'}{T_2} = \frac{n_1}{n_2}$$

$$\frac{\theta_1}{\theta_2} = \frac{n_2}{n_1}$$

综上各式得

$$\left[J_1 + J_2\left(\frac{n_1}{n_2}\right)^2\right]\ddot{\theta}_1 + \left[B_1 + B_2\left(\frac{n_1}{n_2}\right)^2\right]\dot{\theta}_1 + \frac{n_1}{n_2}T_L = T_1$$

$$J_{\text{eq}} = J_1 + J_2\left(\frac{n_1}{n_2}\right)^2$$

故，

$$B_{\text{eq}} = B_1 + B_2\left(\frac{n_1}{n_2}\right)^2$$

**3-3**　求图 3-7 所示各电气网络输入量和输出量之间关系的微分方程式。图中 $u_i$ 为输入电压，$u_0$ 为输出电压。

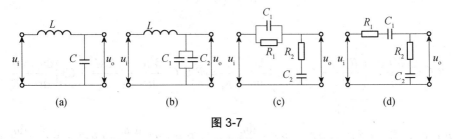

图 3-7

解：（a）$u_i$ 为输入电压，$u_0$ 为输出电压。

列写方程为

$$i = C\frac{\mathrm{d}u_0}{\mathrm{d}t}$$

$$u_L = L\frac{\mathrm{d}i}{\mathrm{d}t}$$

$$u_L + u_0 - u_i = 0$$

整理得

$$LC\frac{\mathrm{d}^2 u_0}{\mathrm{d}t^2} + u_0 = u_i$$

（b）$u_i$ 为输入电压，$u_0$ 为输出电压。

列写方程为

$$i_1 = C_1\frac{\mathrm{d}u_0}{\mathrm{d}t}$$

$$i_2 = C_2\frac{\mathrm{d}u_0}{\mathrm{d}t}$$

$$i_L = i_1 + i_2 = C_1\frac{\mathrm{d}u_0}{\mathrm{d}t} + C_2\frac{\mathrm{d}u_0}{\mathrm{d}t}$$

$$u_L = L\frac{Ei_L}{\mathrm{d}t}$$

$$u_L + u_0 - u_i = 0$$

整理得，

$$L(C_1 + C_2)\frac{\mathrm{d}^2 u_0}{\mathrm{d}t^2} + u_0 = u_i$$

$u_i$ 为输入电压，$u_0$ 为输出电压，列写方程为

$$\begin{cases} \dfrac{u_i - u_0}{R_1} + C_1\dfrac{\mathrm{d}(u_i - u_0)}{\mathrm{d}t} = i \\[3mm] u_0 = R_2 i + \dfrac{1}{C_2}\displaystyle\int i\,\mathrm{d}t \end{cases}$$

或

$$\begin{cases} i_{C_1} = C_1\dfrac{\mathrm{d}(u_i - u_0)}{\mathrm{d}t} \\[3mm] i_{R_1} = \dfrac{u_i - u_0}{R_1} \\[3mm] i = i_{C_1} + i_{R_1} \end{cases}$$

整理得，

$$R_2 C_1 C_2\frac{\mathrm{d}^2 u_0}{\mathrm{d}t^2} + \left(\frac{R_2 C_2}{R_1} + C_1 + C_2\right)\frac{\mathrm{d}u_0}{\mathrm{d}t} + \frac{u_0}{R_1} = R_2 C_1 C_2\frac{\mathrm{d}^2 u_i}{\mathrm{d}t^2} + \left(\frac{R_2 C_2}{R_1} + C_1\right)\frac{\mathrm{d}u_i}{\mathrm{d}t} + \frac{u_i}{R_1}$$

或

$$R_1 R_2 C_1 C_2\frac{\mathrm{d}^2 u_0}{\mathrm{d}t^2} + (R_2 C_2 + R_1 C_1 + R_1 C_2)\frac{\mathrm{d}u_0}{\mathrm{d}t} + u_0 = R_1 R_2 C_1 C_2\frac{\mathrm{d}^2 u_i}{\mathrm{d}t^2} + (R_1 C_1 + R_2 C_2)\frac{\mathrm{d}u_i}{\mathrm{d}t} + u_i$$

（d）$u_i$ 为输入电压，$u_0$ 为输出电压。

流过回路的电流为 $i$，列写方程为

$$u_i = R_1 i + \frac{1}{C_1}\int i\,\mathrm{d}t + u_0 \tag{3-1}$$

$$u_0 = R_2 i + \frac{1}{C_2} \int i \mathrm{d}t \tag{3-2}$$

（3-1）×$C_1$−（3-2）×$C_2$ 得

$$i = \frac{C_1 u_i - \left(C_1 + C_2\right) u_0}{R_1 C_1 - R_2 C_2} \tag{3-3}$$

对式（3-2）求导得

$$\frac{\mathrm{d}u_0}{\mathrm{d}t} = R_2 \frac{\mathrm{d}i}{\mathrm{d}t} + \frac{1}{C_2} i \tag{3-4}$$

式（3-3）代入式（3-4）并整理得

$$\left(R_1 + R_2\right)\frac{\mathrm{d}u_0}{\mathrm{d}t} + \left(\frac{1}{C_1} + \frac{1}{C_2}\right)u_0 = R_2 \frac{\mathrm{d}u_i}{\mathrm{d}t} + \frac{1}{C_2} u_i$$

或

$$\left(R_1 + R_2\right)C_1 C_2 \frac{\mathrm{d}u_0}{\mathrm{d}t} + \left(C_1 + C_2\right)u_0 = R_2 C_1 C_2 \frac{\mathrm{d}u_i}{\mathrm{d}t} + C_1 u_i$$

**3-4** 列出图 3-8 所示机械系统的作用力 $f(t)$ 与位移 $x(t)$ 之间关系的微分方程式。

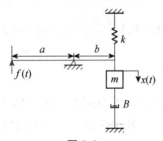

**图 3-8**

解：输入为机械系统的作用力 $f(t)$，输出为位移 $x(t)$。设杠杆转角为 $\theta$，

$$f(t)a\cos\theta = f'(t)b\cos\theta$$

即，

$$f'(t) = \frac{a}{b} f(t)$$

对 $m$ 使用牛顿第二定律得

$$f'(t) - B\dot{x}(t) - kx(t) = m\ddot{x}(t)$$

整理得

$$m\ddot{x}(t) + B\dot{x}(t) + kx(t) = \frac{a}{b} f(t)$$

**3-5** 如图 3-9 所示的系统，当外力作用于系统时，$m_1$ 和 $m_2$ 有不同的位移输出 $x_1(t)$ 和 $x_2(t)$，试求 $f(t)$ 与 $x_2(t)$ 的关系，列出微分方程式。

解：对 $m_1$ 使用牛顿第二定律得

$$-B_1\left[\dot{x}_1(t) - \dot{x}_2(t)\right] - kx_1(t) = m_1\ddot{x}_1(t) \tag{3-5}$$

对 $m_2$ 使用牛顿第二定律得

$$f(t) - B_2\dot{x}_2(t) - B_1\left[\dot{x}_2(t) - \dot{x}_1(t)\right] = m_2\ddot{x}_2(t) \tag{3-6}$$

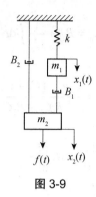

图 3-9

由式（3-6）得

$$\dot{x}_1(t) = \frac{m_2\ddot{x}_2(t) + (B_1 + B_2)\dot{x}_2(t) - f(t)}{B_1} \qquad (3-7)$$

对式（3-5）等号两边同时求微分得

$$-B_1\left[\ddot{x}_1(t) - \ddot{x}_2(t)\right] - k\dot{x}_1(t) = m_1\ddot{x}_1(t) \qquad (3-8)$$

将式（3-7）表示的 $\dot{x}_1(t)$ 及其二、三阶导数代入式（3-8）并整理得

$$m_1 m_2 \frac{\mathrm{d}^4 x_2(t)}{\mathrm{d}t^4} + \left[m_2 B_1 + m_1(B_1 + B_2)\right]\frac{\mathrm{d}^3 x_2(t)}{\mathrm{d}t^3} + (m_2 k + B_1 B_2)\frac{\mathrm{d}^2 x_2(t)}{\mathrm{d}t^2} + k(B_1 + B_2)\frac{\mathrm{d}x_2(t)}{\mathrm{d}t}$$

$$= m_1 \frac{\mathrm{d}^2 f(t)}{\mathrm{d}t^2} + B_1 \frac{\mathrm{d}f(t)}{\mathrm{d}t} + kf(t)$$

**3-6** 求图 3-10 所示各机械系统的传递函数，其中图 3-10（a）和图 3-10（b）中 $f(t)$ 为输入，$x(t)$ 为输出；图 3-10（c）和图 3-10（d）中 $x_1(t)$ 为输入，$x_2(t)$ 为输出。

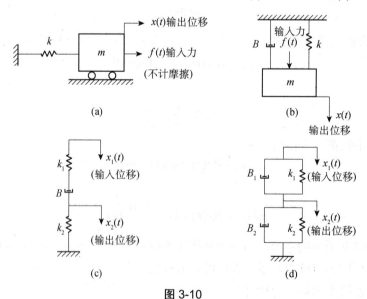

图 3-10

解：（a）对 $m$ 利用牛顿第二定律得

$$f(t) - kx(t) = m\ddot{x}(t)$$

即，

$$m\ddot{x}(t) + kx(t) = f(t)$$

令 $X(s) = L[x(t)], F(s) = L[f(t)]$，在初始条件为 0 的条件下，等号两边同时做拉氏变换得

$$(ms^2 + k)X(s) = F(s)$$

由此得该系统的传递函数为

$$\frac{X(s)}{F(s)} = \frac{1}{ms^2 + k}$$

（b）对 $m$ 利用牛顿第二定律得

$$f(t) - B\dot{x}(t) - kx(t) = m\ddot{x}(t)$$

即，

$$m\ddot{x}(t) + B\dot{x}(t) + kx(t) = f(t)$$

令 $X(s) = L[x(t)], F(s) = L[f(t)]$，在初始条件为 0 的条件下，等号两边同时做拉氏变换得

$$(ms^2 + Bs + k)X(s) = F(s)$$

由此得该系统的传递函数为

$$\frac{X(s)}{F(s)} = \frac{1}{ms^2 + Bs + k}$$

（c）引入中间变量 $x_3(t)$，分别对 $x_2(t)$ 点和 $x_3(t)$ 点利用牛顿第二定律得

$$-B[\dot{x}_2(t) - \dot{x}_3(t)] - k_2 x_2(t) = 0$$

$$-B[\dot{x}_3(t) - \dot{x}_2(t)] - k_1[x_3(t) - x_1(t)] = 0$$

令 $X_1(s) = L[x_1(t)], X_2(s) = L[x_2(t)], X_3(s) = L[x_3(t)]$，在初始条件为 0 的条件下，对上两式等号两边同时做拉氏变换得

$$-(Bs + k_2)X_2(s) + BsX_3(s) = 0 \tag{3-9}$$

$$-(Bs + k_1)X_3(s) + BsX_2(s) + k_1 X_1(s) = 0 \tag{3-10}$$

由式（3-9）得

$$X_3(s) = \frac{(Bs + k_2)X_2(s)}{Bs}$$

代入式（3-10）并整理得此系统的传递函数为

$$\frac{X_2(s)}{X_1(s)} = \frac{k_1 Bs}{(k_1 + k_2)Bs + k_1 k_2}$$

（d）对 $x_2(t)$ 点利用牛顿第二定律得

$$-B_2\dot{x}_2(t) - B_1[\dot{x}_2(t) - \dot{x}_1(t)] - k_2 x_2(t) - k_1[x_2(t) - x_1(t)] = 0$$

即，

$$(B_1 + B_2)\dot{x}_2(t) + (k_1 + k_2)x_2(t) = B_1\dot{x}_1(t) + k_1 x_1(t)$$

令 $X_1(s) = L[x_1(t)], X_2(s) = L[x_2(t)]$，在初始条件为 0 的条件下，等号两边同时做拉氏变换得

$$\left[\left(B_1+B_2\right)s+\left(k_1+k_2\right)\right]X_2\left(s\right)=\left(B_1s+k_1\right)X_1\left(s\right)$$

由此得该系统的传递函数为

$$\frac{X_2\left(s\right)}{X_1\left(s\right)}=\frac{B_1s+k_1}{\left(B_1+B_2\right)s+k_1+k_2}$$

3-7 图 3-11 所示 $f\left(t\right)$ 为输入力，系统的扭转弹簧刚度为 $k$，轴的转动惯量为 $J$，阻尼系数为 $B$，系统的输出为轴的转角 $\theta\left(t\right)$，轴的半径为 $r$，求系统的传递函数。

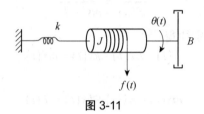

图 3-11

解：

由题意列扭矩平衡方程式为

$$k\theta\left(t\right)+J\ddot{\theta}\left(t\right)+B\dot{\theta}\left(t\right)=rf\left(t\right)$$

对上式两边进行拉氏变换，得

$$k\Theta\left(s\right)+Js^2\Theta\left(s\right)+Bs\Theta\left(s\right)=rF\left(s\right)$$

则

$$\frac{\Theta\left(s\right)}{F\left(s\right)}=\frac{r}{Js^2+Bs+k}$$

3-8 证明图 3-12（a）和图 3-12（b）所示的系统是相似系统。其中，$u_i\left(t\right)$、$x_i\left(t\right)$ 为输入，$u_0\left(t\right)$、$x_2\left(t\right)$ 为输出。

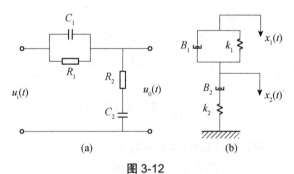

(a)　　　　　　　　(b)

图 3-12

解：图 3-12（a）与 3-3 题中图 3-7（d）一样，求取数学模型方法可用前文介绍方法，也可用下文介绍的方法来求取。

$u_i\left(t\right)$ 为输入电压，$u_0\left(t\right)$ 为输出电压，流过 $R_2$ 的电流 $i\left(t\right)$，

$$i\left(t\right)=C_1\frac{\mathrm{d}\left(u_i\left(t\right)-u_0\left(t\right)\right)}{\mathrm{d}t}+\frac{u_i\left(t\right)-u_0\left(t\right)}{R_1}$$

$$i\left(t\right)=C_2\frac{\mathrm{d}\left(u_0\left(t\right)-i\left(t\right)R_2\right)}{\mathrm{d}t}$$

代入得

$$C_1 \frac{\mathrm{d}(u_i(t) - u_0(t))}{\mathrm{d}t} + \frac{u_i(t) - u_0(t)}{R_1} = C_2 \frac{\mathrm{d}u_0(t)}{\mathrm{d}t} - R_2 C_2 \left[ C_1 \frac{\mathrm{d}^2(u_i(t) - u_0(t))}{\mathrm{d}t^2} + \frac{1}{R_1} \cdot \frac{\mathrm{d}(u_i(t) - u_0(t))}{\mathrm{d}t} \right]$$

整理得

$$R_2 C_1 C_2 \frac{\mathrm{d}^2 u_0(t)}{\mathrm{d}t^2} + \left( \frac{R_2 C_2}{R_1} + C_1 + C_2 \right) \frac{\mathrm{d}u_0(t)}{\mathrm{d}t} + \frac{u_0(t)}{R_1} = R_2 C_1 C_2 \frac{\mathrm{d}^2 u_i(t)}{\mathrm{d}t^2} + \left( \frac{R_2 C_2}{R_1} + C_1 \right) \frac{\mathrm{d}u_i(t)}{\mathrm{d}t} + \frac{u_i(t)}{R_1}$$

等式两边进行拉氏变换并整理得

$$\frac{U_0(s)}{U_i(s)} = \frac{R_1 R_2 C_1 C_2 s^2 + (R_1 C_1 + R_2 C_2)s + 1}{R_1 R_2 C_1 C_2 s^2 + (R_1 C_1 + R_1 C_2 + R_2 C_2)s + 1}$$

$$= \frac{(1 + R_1 C_1 s)(1 + R_2 C_2 s)}{(1 + R_1 C_1 s)(1 + R_2 C_2 s) + R_1 C_2 s}$$

（b）在 $k_2$ 上端引入中间变量 $x(t)$，分别对 $x(t)$ 和 $x_2(t)$ 利用牛顿第二定律得

$$-B_2(\dot{x}_2(t) - \dot{x}(t)) - B_1(\dot{x}_2(t) - \dot{x}_1(t)) - k_1(x_2(t) - x_1(t)) = 0$$

$$-B_2(\dot{x}(t) - \dot{x}_2(t)) - k_2 x(t) = 0$$

令 $X_1(s) = L[x_1(t)], X_2(s) = L[x_2(t)], X(s) = L[x(t)]$，在初始条件为 0 的条件下，等号两边同时做拉氏变换得

$$-B_2(s X_2(s) - s X(t)) - B_1(s X_2(s) - s X_1(s)) - k_1(X_2(s) - X_1(s)) = 0$$

$$-B_2(s X(s) - s X_2(s)) - k_2 X(s) = 0$$

消去 $X(s)$ 得

$$G(s) = \frac{X_2(s)}{X_1(s)} = \frac{(B_1 s + k_1)(B_2 s + k_2)}{(B_1 s + k_1)(B_2 s + k_2) + B_2 k_2 s} = \frac{\left(1 + \frac{B_1}{k_1} s\right)\left(1 + \frac{B_2}{k_2} s\right)}{\left(1 + \frac{B_1}{k_1} s\right)\left(1 + \frac{B_2}{k_2} s\right) + \frac{B_2}{k_1} s}$$

和图 3-12（a）所示系统具有相似的传递函数，故这两个系统为相似系统。

**3-9** 若系统在阶跃输入 $x(t) = 1(t)$ 作用时，系统的输出响应为 $y(t) = 1 - \mathrm{e}^{-2t} + \mathrm{e}^{-t}$，试求系统的传递函数和脉冲响应函数。

解：阶跃输有

$$x(t) = 1(t), \quad X(s) = \frac{1}{s}$$

系统的输出响应为

$$y(t) = 1 - \mathrm{e}^{-2t} + \mathrm{e}^{-t}, \quad Y(s) = \frac{1}{s} - \frac{1}{s+2} + \frac{1}{s+1} = \frac{s^2 + 4s + 2}{s(s+1)(s+2)}$$

系统的传递函数为

$$G(s) = \frac{Y(s)}{X(s)} = \frac{\dfrac{s^2 + 4s + 2}{s(s+1)(s+2)}}{\dfrac{1}{s}} = \frac{s^2 + 4s + 2}{(s+1)(s+2)}$$

脉冲响应函数 $X(s)=1$，有

$$Y(s)=G(s)X(s)=\frac{s^2+4s+2}{(s+1)(s+2)}\times 1=\frac{s^2+4s+2}{(s+1)(s+2)}=1-\frac{1}{s+1}+\frac{2}{s+2}$$

$$y(t)=L^{-1}\left[Y(s)\right]=L^{-1}\left[1-\frac{1}{s+1}+\frac{2}{s+2}\right]=\delta(t)-\mathrm{e}^{-t}+2\mathrm{e}^{-2t}$$

**3-10** 运用框图简化法则，求图 3-13 所示各系统的传递函数。

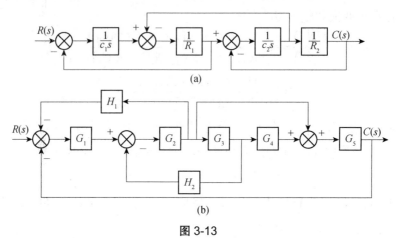

(a)

(b)

图 3-13

解：（1）图 3-13（a）所示系统框图的化简过程如图 3-14 所示。

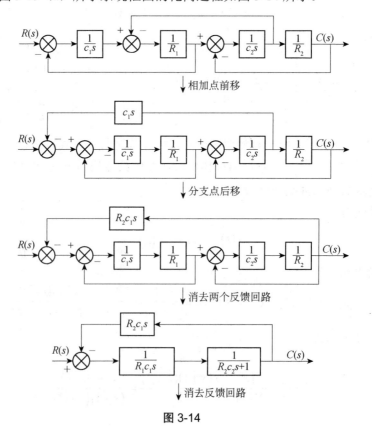

图 3-14

$$\boxed{\dfrac{1}{R_1c_1R_2c_2s^2+(R_1c_1+R_2c_1+R_2c_2)s+1}}$$

R(s) 入——出 C(s)

图 3-14（续）

传递函数：

$$G(s)=\frac{1}{R_1c_1R_2c_2s^2+\left(R_1c_1+R_2c_1+R_2c_2\right)s+1}=\frac{1}{\left(1+R_1c_1s\right)\left(1+R_2c_2s\right)+R_2c_1s}$$

（2）图 3-13（b）所示系统框图的化简过程如图 3-15 所示。

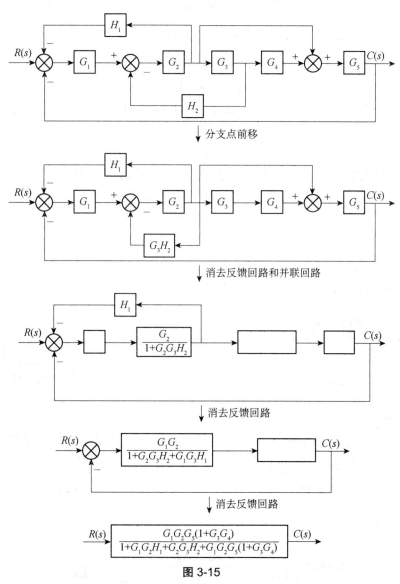

图 3-15

传递函数为

$$G(s)=\frac{G_1G_2G_5\left(1+G_3G_4\right)}{1+G_1G_2H_1+G_2G_3H_2+G_1G_2G_5\left(1+G_3G_4\right)}$$

3-11 绘制图 3-16 所示系统的框图，并写出其传递函数。

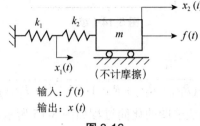

输入：$f(t)$
输出：$x(t)$

图 3-16

解：分别对质量 $m$ 和 $x_1(t)$ 利用牛顿第二定律得

$$f(t) - k_2\big(x(t) - x_1(t)\big) = m\ddot{x}(t)$$

$$-k_1 x_1(t) - k_2\big(x_1(t) - x(t)\big) = 0$$

$$m\ddot{x}(t) + k_2 x(t) = f(t) + k_2 x_1(t)$$

整理得

$$x_1(t) = \frac{k_2}{k_1 + k_2} x(t)$$

在初始条件为 0 的情况下，对上两式等号两边同时做拉氏变换得

$$\big(ms^2 + k_2\big) X(s) = F(s) + k_2 X_1(s)$$

$$X_1(s) = \frac{k_2}{k_1 + k_2} X(s)$$

上两式的框图分别如图 3-17 和图 3-18 所示。将图 3-17 和图 3-18 所示系统框图合并得系统框图如图 3-19 所示，化简后如图 3-20 所示。

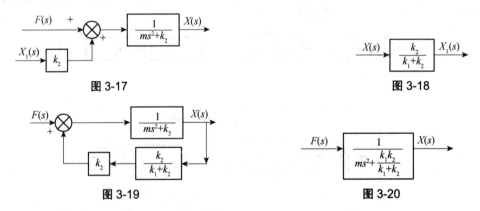

图 3-17

图 3-18

图 3-19

图 3-20

系统的传递函数为

$$G(s) = \frac{X(s)}{F(s)} = \frac{\dfrac{1}{ms^2 + k_2}}{1 - \dfrac{1}{ms^2 + k_2} \cdot \dfrac{k_2^2}{k_1 + k_2}} = \frac{1}{ms^2 + \dfrac{k_1 k_2}{k_1 + k_2}}$$

3-12 绘制图 3-21 所示系统的框图，该系统在开始时处于静止状态，系统的输入为外力 $f(t)$，输出为位移 $x(t)$，并写出系统的传递函数。

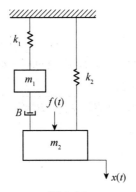

图 3-21

解：设 $m_1$ 的位移为 $x_1(t)$，分别对质量 $m_1$ 和 $m_2$ 利用牛顿第二定律得

$$-B\left(\dot{x}_1(t)-\dot{x}(t)\right)-k_1 x_1(t)=m_1\ddot{x}_1(t)$$

$$f(t)-B\left(\dot{x}(t)-\dot{x}_1(t)\right)-k_2 x(t)=m_2\ddot{x}(t)$$

整理得

$$m_1\ddot{x}_1(t)+B\dot{x}_1(t)+k_1 x_1(t)=B\dot{x}(t)$$

$$m_2\ddot{x}(t)+B\dot{x}(t)+k_2 x(t)=f(t)+B\dot{x}_1(t)$$

在初始条件为 0 的情况下，对上两式等号两边同时做拉氏变换得

$$\left(m_1 s^2+Bs+k_1\right)X_1(s)=BsX(s)$$

$$\left(m_2 s^2+Bs+k_2\right)X(s)=F(s)+BsX_1(s)$$

即，

$$X_1(s)=\frac{Bs}{m_1 s^2+Bs+k_1}X(s)$$

$$X(s)=\frac{1}{m_2 s^2+Bs+k_2}\left[F(s)+BsX_1(s)\right]$$

上两式的框图分别如图 3-22 （a）、（b）所示，将图 3-22 （a）、（b）所示框图合并得系统的框图如图 3-22 （c）所示，化简一次后的框图如图 3-22 （d）所示。

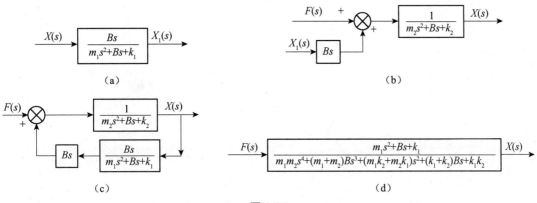

图 3-22

系统的传递函数为

$$G(s) = \frac{X(s)}{F(s)} = \frac{m_1 s^2 + Bs + k_1}{m_1 m_2 s^4 + (m_1 + m_2) Bs^3 + (m_1 k_2 + m_2 k_1) s^2 + (k_1 + k_2) Bs + k_1 k_2}$$

$$= \frac{m_1 s^2 + Bs + k_1}{(m_1 s^2 + Bs + k_1)(m_2 s^2 + Bs + k_2) - B^2 s^2}$$

# 第 4 章　控制系统的时域分析

## 学习目的与要求

　　通过本章学习，明确在对控制系统建立了数学模型（包括微分方程、传递函数和框图）之后，可以根据输入信号的性质在不同的领域对控制系统的性能进行分析和研究。其中，控制系统的时域分析是一种直接分析法，它根据描述系统的微分方程或传递函数在时间域内直接计算系统的时间响应，从而分析和确定系统的稳态性能和动态性能。具体要求掌握：系统的时间响应，脉冲响应函数的基本概念，典型一阶、二阶系统的时间响应，高阶系统的时间响应以及主导极点的概念，系统瞬态响应的性能指标以及影响因素，系统误差与稳态误差的概念及影响误差的主要因素。

## 考核知识点与考核要求

控制系统的时域分析
├─ 时间响应
│　├─ 时间响应、瞬态响应与稳态响应的定义以及典型输入信号的形式　识记
│　├─ 采用典型输入信号进行时域分析的意义　识记
│　├─ 脉冲响应函数的定义，脉冲响应函数与传递函数的关系　识记
│　└─ 求系统在任意输入下的时间响应的方法——利用脉冲响应函数或者拉氏变换与反变换来求解　领会
├─ 一阶系统的时间响应
│　├─ 一阶系统的数学模型的建立，其传递函数、增益和时间常数的计算　领会
│　├─ 一阶系统的单位脉冲响应的计算　领会
│　├─ 一阶系统的单位斜坡响应的计算　领会
│　├─ 一阶系统的时间常数与系统瞬态响应的关系　领会
│　└─ 对于线性系统，其输入函数之间与对应输出函数之间满足同样的函数关系　领会
├─ 二阶系统的时间响应
│　├─ 二阶系统的数学模型的建立，其传递函数、无阻尼自然频率、阻尼自然频率和阻尼比的计算　简单应用
│　├─ 会求二阶系统不同阻尼情况（欠阻尼、零阻尼、临界阻尼、过阻尼）下的单位阶跃响应，但只要求记住其欠阻尼时的单位阶跃响应表达式　简单应用
│　├─ 理解和掌握二阶系统特征方程根的分布与系统参数的关系　简单应用
│　├─ 理解二阶系统特征方程根的位置与其单位阶跃响应的关系　简单应用
│　├─ 理解阻尼比、无阻尼自然频率与响应曲线的关系　简单应用
│　├─ 会求二阶系统不同阻尼比下的单位脉冲响应　简单应用
│　└─ 理解闭环零点对二阶系统瞬态响应和性能的影响　简单应用
└─ 高阶系统的时间响应 ─ 闭环主导极点的概念及其对系统响应的影响　简单应用

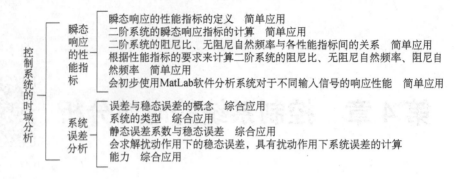

**重点与难点**

　　**本章重点**：时间响应的基本概念，一阶系统的时间响应，系统瞬态性能指标的定义，二阶系统的阶跃响应及性能指标，闭环零点对系统瞬态响应和性能的影响，误差及稳态误差的定义，位置误差、速度误差的计算，干扰作用下的系统误差与稳态误差计算。

　　**本章难点**：高阶系统的定性分析和判断，闭环零点对系统响应和性能的影响，系统的误差与稳态误差的影响因素分析，干扰作用下的系统误差与稳态误差的计算。

# 4.1　时间响应

### 1．时间响应

　　机械工程系统在外加作用激励下，其输出量随时间变化的函数关系称之为系统的时间响应，通过对时间响应的分析可揭示系统本身的动态特性。

　　任意系统的时间响应都是由瞬态响应和稳态响应两部分组成。

　　瞬态响应：当系统受到外加作用激励后，从初始状态到最后状态的响应过程。

　　稳态响应：当时间趋于无穷大时，系统的输出状态。

### 2．脉冲响应函数（全函数）

　　当一个系统受到一个单位脉冲激励（输入）时，它所产生的反应或响应（输出）。当系统输入 $x(t)=\delta(t)$ 时，则输出 $y(t)=g(t)$，$\delta(t)$ 为单位脉冲函数。

### 3．任意输入作用下系统的时间响应

　　脉冲响应函数 $g(t)$ 又称为权函数，$y(t)=\int_{-\infty}^{t} x(\tau)g(t-\tau)\mathrm{d}\tau$。

　　注意：对于任意可实现的系统，当 $\tau>t$ 时，$g(t-\tau)=0$。这是因为 $t$ 时刻以后的输入，不可能对 $t$ 时刻的输出 $y(t)$ 产生作用。

# 4.2　一阶系统的时间响应

### 1．一阶系统的数学模型

能用一阶微分方程描述的系统称为一阶系统。一阶系统传递函数的一般形式为

$\dfrac{c(s)}{R(s)} = \dfrac{K}{Ts+1}$，式中，$K$ 为系统增益，$T$ 为时间常数。

### 2．一阶系统的单位阶跃响应

当输入为 $R(s) = \dfrac{1}{s}$，$K=1$，则输出为 $c(t) = 1 - \mathrm{e}^{-\frac{t}{T}}$。

### 3．一阶系统的脉冲响应

当输入为 $R(s) = 1$，$K=1$，则输出为 $c(t) = \dfrac{1}{T}\mathrm{e}^{-\frac{t}{T}}\ (t \geq 0)$。

### 4．一阶系统的单位斜坡响应

当输入为 $R(s) = \dfrac{1}{s^2}$，$K=1$，则输出为 $c(t) = t - T + T\mathrm{e}^{-\frac{t}{T}}$。

# 4.3　二阶系统的时间响应

### 1．系统的数学模型

二阶系统是用二阶微分方程描述的系统。$\dfrac{\omega_n^2}{s^2 + 2\zeta\omega_n s + \omega_n^2}$ 为典型二阶系统的传递函数，其中，$\zeta$ 为阻尼比，$\omega_n$ 为无阻尼自然频率。

### 2．二阶系统的单位阶跃响应

（1）欠阻尼情况 $0 < \zeta < 1$，特征根为共轭复根，系统的单位阶跃响应为

$$c(t) = 1 - \frac{\mathrm{e}^{-\zeta\omega_n t}}{\sqrt{1-\zeta^2}} \sin\left( \omega_n \sqrt{1-\zeta^2}\, t + \arctan \frac{\sqrt{1-\zeta^2}}{\zeta} \right) \quad (t \geq 0)$$

（2）零阻尼情况 $\zeta = 0$，系统有一对共轭虚根，系统的单位阶跃响应为

$$c(t) = 1 - \cos\omega_n t \quad (t \geq 0)$$

（3）临界阻尼情况 $\zeta = 1$，特征根为两相等负实根，系统的单位阶跃响应为

$$c(t) = 1 - \mathrm{e}^{-\omega_n t}(1 + \omega_n t) \quad (t \geq 0)$$

（4）过阻尼情况 $\zeta > 1$，特征根为不同负实根，系统的单位阶跃响应为

$$c(t) = 1 + \frac{\omega_n}{2\sqrt{\zeta^2-1}}\left( \frac{\mathrm{e}^{-p_1 t}}{p_1} - \frac{\mathrm{e}^{-p_2 t}}{p_2} \right)$$

式中，$p_1 = \left(\zeta + \sqrt{\zeta^2-1}\right)\omega_n$，$p_2 = \left(\zeta - \sqrt{\zeta^2-1}\right)\omega_n$。

## 4.4 高阶系统的时间响应

一般情况下，我们将三阶或三阶以上的系统称为高阶系统。

### 1．高阶系统的阶跃响应

高阶系统的闭环传递函数为

$$\frac{C(s)}{R(s)} = \frac{B(s)}{A(s)} = \frac{K\prod_{j=1}^{m}(s-z_j)}{\prod_{i=1}^{n}(s-p_i)}$$

式中，$z_j$ 是系统的闭环零点；$p_i$ 是系统的闭环极点；$K$ 是系统增益。

若在系统的所有闭环极点中，包含 $q$ 个实数极点 $p_i(i=1,2,\cdots,q)$ 和 $r$ 对共轭复数极点 $-\zeta_k\omega_k \pm j\sqrt{1-\zeta^2}\omega_k$　$k=1,2,\cdots,r$，且 $2r+q=n$，则在单位阶跃信号作用下，可以求得高阶系统的时间响应为

$$c(t) = 1 + \sum_{i=1}^{q} A_i e^{-p_i t} + \sum_{k=1}^{r} B_k e^{-\zeta_k \omega_k t} \sin\left(\sqrt{1-\zeta_k^2}\omega_k t + C_k\right)　　(t \geq 0)$$

式中，各系数 $A_i(i=1,2,\cdots,q)$ 和 $B_k$，$C_k(k=1,2,\cdots,r)$ 是与系统参数有关的常数。

### 2．闭环主导极点

闭环主导极点是指在系统的所有闭环极点中，距离虚轴最近且周围没有闭环零点的极点，而所有其他极点都远离虚轴。闭环主导极点对系统响应起主导作用，其他极点的影响在近似分析中可忽略不计。

## 4.5 瞬态响应的性能指标

### 1．瞬态响应的性能指标

延迟时间 $t_d$：单位阶跃响应 $c(t)$ 第一次达到其稳态值的 50%所需的时间。

（2）上升时间 $t_r$：单位阶跃响应 $c(t)$ 第一次从稳态值的 10%上升到 90%（通常用于过阻尼系统），或从 0 上升到 100%所需的时间（通常用于欠阻尼系统）。

（3）峰值时间 $t_p$：单位阶跃响应 $c(t)$ 超过其稳态值而达到第一个峰值所需要的时间。

（4）超调量 $M_p$：单位阶跃响应第一次越过稳态值而达到峰值时，对稳态值的偏差与稳态值之比的百分数。

$$M_p = \frac{c(t_p) - c(\infty)}{c(\infty)} \times 100\%$$

式中，$c(\infty)$ 表示稳态值，当 $c(\infty)=1$，则 $M_p = \left[c(t_p)-1\right] \times 100\%$。

（5）调整时间 $t_s$：单位阶跃响应与稳态值之差进入允许的误差范围所需的时间。允许的误差用达到稳态值的百分数来表示，通常取 5%或 2%。

**2．二阶欠阻尼系统的瞬态响应指标**

（1）上升时间 $t_r$：

$$t_r = \frac{\pi - \beta}{\omega_n \sqrt{1-\zeta^2}} \quad \left( \beta = \arctan \frac{\sqrt{1-\zeta^2}}{\zeta} \right)$$

（2）峰值时间 $t_p$：

$$t_p = \frac{\pi}{\omega_n \sqrt{1-\zeta^2}}$$

（3）超调量 $M_p$：

$$M_p = e^{\frac{\pi \zeta}{\sqrt{1-\zeta^2}}}$$

（4）调整时间 $t_s$：

$$t_s = \frac{3}{\zeta \omega_n} \quad (\delta = 5)$$

$$t_s = \frac{4}{\zeta \omega_n} \quad (\delta = 2)$$

# 4.6　系统误差分析

**1．误差与稳态误差**

输入信号与反馈信号之差称为误差。它直接或间接地反映了系统输出希望值与实际值之差，从而反映系统精度。系统误差信号的函数为

$$E(s) = \frac{R(s)}{1 + G(s)H(s)}$$

误差的时间响应的函数为

$$e(t) = L^{-1}[E(s)]$$

系统的误差分为瞬态误差和稳态误差。

（1）**瞬态误差**：误差的时间响应函数 $e(t)$，反映了输入和输出之间的误差值随时间变化的函数关系。

（2）**稳态误差**：当时间趋于无穷大时，误差的时间响应函数 $e(t)$ 的输出值 $e_{ss}$，称为稳态误差，其定义式为

$$e_{ss} = \lim_{t \to \infty} e(t)$$

根据终值定理，稳态误差可表达为

$$e_{ss} = \lim_{t \to \infty} e(t) = \lim_{s \to 0} sE(s) = \lim_{s \to 0} \frac{sR(s)}{1 + G(s)H(s)}$$

稳态误差与开环传递函数的结构和输入信号的形式有关，当输入信号一定，稳态误差取决于由开环传递函数所描述的系统结构。

**2．系统的稳态误差分析**

开环传递函数有 $\lambda$ 个积分环节，根据积分环节的个数将系统分为 0 型、I 型和 II 型系统。

（1）静态位置误差系数 $K_p = \lim\limits_{s \to 0} G(s)H(s)$，位置稳态误差 $e_{ss} = \dfrac{1}{1+K_p}$。

（2）静态速度误差系数 $K_v = \lim\limits_{s \to 0} sG(s)H(s)$，速度稳态误差 $e_{ss} = \dfrac{1}{K_v}$。

（3）静态加速度误差系数 $K_a = \lim\limits_{s \to 0} s^2 G(s)H(s)$，加速度稳态误差 $e_{ss} = \dfrac{1}{K_a}$。

**3．扰动作用下的稳态误差**

系统在输入信号作用下的稳态误差，表征了系统的准确度。系统除承受输入信号作用外，还经常会受到各种干扰的作用，如负载的突变、温度的变化、电源的波动等。系统在扰动作用下的稳态误差，反映了系统抗干扰的能力。显然，我们希望扰动引起的稳态误差越小越好，理想情况误差为零。

欲求总的稳态误差 $e_{ss}$，可分别求出 $R(s)$ 和 $N(s)$ 所引起的稳态误差 $e_{ssR}$ 和 $e_{ssN}$。

 习题与解答

**4-1** 已知系统的脉冲响应函数，试求系统的传递函数。

（1）$g(t) = 2\left(1 - e^{-\frac{1}{2}t}\right)$。

（2）$g(t) = 20e^{-2t}\sin t$。

（3）$g(t) = 2e^{-5t} + 5e^{-2t}$。

解：系统的脉冲响应函数，输入脉冲函数的拉氏变换为 $R(s) = 1$，输出为 $g(t)$，拉氏变换为 $G(s)$，传递函数为 $G(s)$。

（1）$G(s) = L\left[g(t)\right] = L\left[2\left(1 - e^{-\frac{1}{2}t}\right)\right] = L[2] - L\left[2e^{-\frac{1}{2}t}\right] = \dfrac{2}{s} - \dfrac{2}{s+\frac{1}{2}} = \dfrac{1}{s\left(s+\frac{1}{2}\right)}$。

（2）$G(s) = L\left[g(t)\right] = L\left[20e^{-2t}\sin t\right] = 20L\left[e^{-2t}\sin t\right] = \dfrac{20}{(s+2)^2 + 1}$。

（3）$G(s) = L\left[g(t)\right] = L\left[2e^{-5t} + 5e^{-2t}\right] = L\left[2e^{-5t}\right] + L\left[5e^{-2t}\right] = \dfrac{2}{s+5} + \dfrac{5}{s+2} = \dfrac{7s+29}{(s+5)(s+2)}$。

**4-2** 已知系统的单位阶跃响应函数，试确定系统的传递函数。

（1）$c(t) = 4(1 - e^{-0.5t})$。

（2）$c(t) = 3[1 - 1.25e^{-1.2t}\sin(1.6t + 53°)]$。

解：系统输入为单位阶跃函数，其拉氏变换为 $R(s) = \dfrac{1}{s}$。

（1）输出函数的拉氏变换为

$$C(s) = L[c(t)] = L[4(1 - e^{-0.5t})] = L[4] - L[4e^{-0.5t}] = \frac{4}{s} - \frac{4}{s+0.5} = \frac{2}{s(s+0.5)}$$

传递函数为

$$G(s) = \frac{C(s)}{R(s)} = \frac{\dfrac{2}{s(s+0.5)}}{\dfrac{1}{s}} = \frac{2}{s+0.5}$$

（2）输出函数的拉氏变换为

$$
\begin{aligned}
C(s) &= L[c(t)] = L[3(1 - 1.25e^{-1.2t}\sin(1.6t + 53°))] \\
&= L[3 - 3.75\cos 53° e^{-1.2t}\sin 1.6t - 3.75\sin 53° e^{-1.2t}\cos 1.6t] \\
&= L[3 - 3.75 \times 0.6 e^{-1.2t}\sin 1.6t - 3.75 \times 0.8 e^{-1.2t}\cos 1.6t] \\
&= L[3 - 2.25 e^{-1.2t}\sin 1.6t - 3 e^{-1.2t}\cos 1.6t] \\
&= \frac{3}{s} - \frac{2.25 \times 1.6}{(s+1.2)^2 + 1.6^2} - \frac{3s + 3.6}{(s+1.2)^2 + 1.6^2} \\
&= \frac{12}{s(s^2 + 2.4s + 4)}
\end{aligned}
$$

传递函数为

$$G(s) = \frac{C(s)}{R(s)} = \frac{\dfrac{12}{s(s^2 + 2.4s + 4)}}{\dfrac{1}{s}} = \frac{12}{s^2 + 2.4s + 4}$$

**4-3**　已知两个一阶系统的传递函数分别为 $G_1(s) = \dfrac{2}{2s+1}$ 和 $G_2(s) = \dfrac{3}{3s+1}$，当输入分别为 $R(s) = \dfrac{2}{s}$ 和 $R(s) = \dfrac{3}{s}$ 时，试求 $t=0$ 时，响应曲线的上升斜率。哪一个系统响应灵敏性好？

解：

$$\because G(s) = \frac{C(s)}{R(s)}$$

$$\therefore C(s) = G(s)R(s)$$

$$C_1(s) = G_1(s)R_1(s) = \frac{2}{2s+1} \cdot \frac{2}{s} = \frac{4}{s(2s+1)} = \frac{4}{s} - \frac{4}{s + \dfrac{1}{2}}$$

$$c_1(t) = L^{-1}[C_1(s)] = L^{-1}\left[\frac{4}{s} - \frac{4}{s + \dfrac{1}{2}}\right] = 4 - 4e^{-\frac{1}{2}t}$$

输入为 $R(s) = \dfrac{2}{s}$，$t=0$ 时响应曲线的上升斜率为

$$\frac{\mathrm{d}c_1(t)}{\mathrm{d}t}\bigg|_{t=0} = -4 \times \left(-\frac{1}{2}\right)\mathrm{e}^{-\frac{1}{2}t}\bigg|_{t=0} = 2$$

$$C_2(s) = G_2(s)R_2(s) = \frac{3}{3s+1} \cdot \frac{3}{s} = \frac{9}{s(3s+1)} = \frac{9}{s} - \frac{9}{s+\frac{1}{3}}$$

$$c_2(t) = L^{-1}\left[C_2(s)\right] = L^{-1}\left[\frac{9}{s} - \frac{9}{s+\frac{1}{3}}\right] = 9 - 9\mathrm{e}^{-\frac{1}{3}t}$$

$$\frac{\mathrm{d}c_2(t)}{\mathrm{d}t}\bigg|_{t=0} = -9 \times \left(-\frac{1}{3}\right)\mathrm{e}^{-\frac{1}{3}t}\bigg|_{t=0} = 3$$

综上 $G_1(s) = \dfrac{2}{2s+1}$ 系统灵敏性好。

**4-4** 设单位反馈系统的开环传递函数为 $G(s) = \dfrac{4}{s(s+5)}$，求这个系统的单位阶跃响应。

解：系统为单位反馈系统，故 $H(s) = 1$。

闭环传递函数为

$$\Phi(s) = \frac{C(s)}{R(s)} = \frac{G(s)}{1+G(s)H(s)} = \frac{\dfrac{4}{s(s+5)}}{1+\dfrac{4}{s(s+5)}\times 1} = \frac{4}{s^2+5s+4}$$

$$C(s) = \Phi(s)R(s) = \frac{4}{s^2+5s+4} \cdot \frac{1}{s} = \frac{1}{s} - \frac{4}{3}\cdot\frac{1}{s+1} + \frac{1}{3}\cdot\frac{1}{s+4}$$

$$c(t) = L^{-1}\left[C(s)\right] = L^{-1}\left[\frac{1}{s} - \frac{4}{3}\cdot\frac{1}{s+1} + \frac{1}{3}\cdot\frac{1}{s+4}\right] = 1 - \frac{4}{3}\mathrm{e}^{-t} + \frac{1}{3}\mathrm{e}^{-4t}$$

**4-5** 已知系统闭环传递函数为

$$\frac{G(s)}{R(s)} = \frac{\omega_n^2}{s^2+2\zeta\omega_n s+\omega_n^2}$$

试求：

（1） $\zeta = 0.1, \omega_n = 1$ 和 $\zeta = 0.1, \omega_n = 5$ 时系统的超调量、上升时间和调整时间。

（2） $\zeta = 0.5, \omega_n = 5$ 时系统的超调量、上升时间和调整时间。

（3）讨论参数 $\zeta, \omega_n$ 对系统性能的影响。

解：（1） $\zeta = 0.1, \omega_n = 1$ 时的超调量为

$$M_p = \mathrm{e}^{-\frac{\pi\zeta}{\sqrt{1-\zeta^2}}} = \mathrm{e}^{-\frac{3.14\times 0.1}{\sqrt{1-0.1^2}}} = \mathrm{e}^{-0.316}\times 100\% = 0.729\times 100\% = 72.9\%$$

上升时间：

$$t_r = \frac{\pi-\beta}{\omega_d} = \frac{\pi-\beta}{\omega_n\sqrt{1-\zeta^2}} = \frac{3.14-1.47}{1\times\sqrt{1-0.1^2}} = 1.68\mathrm{s}$$

$$\beta = \arctan\frac{\sqrt{1-\zeta^2}}{\zeta} = \arctan\frac{\sqrt{1-0.1^2}}{0.1} = \arctan 9.95 = 1.47\mathrm{rad}$$

调整时间：取误差范围为 5%时，得

$$t_\text{s} = \frac{3}{\zeta\omega_\text{n}} = \frac{3}{0.1 \times 1} = 30\text{s}$$

取误差范围为 2%时，得

$$t_\text{s} = \frac{4}{\zeta\omega_\text{n}} = \frac{4}{0.1 \times 1} = 40\text{s}$$

$\zeta = 0.1, \omega_\text{n} = 5$ 时的超调量为

$$M_\text{p} = \text{e}^{-\frac{\pi\zeta}{\sqrt{1-\zeta^2}}} = \text{e}^{-\frac{3.14 \times 0.1}{\sqrt{1-0.1^2}}} = \text{e}^{-0.316} \times 100\% = 0.729 \times 100\% = 72.9\%$$

上升时间：

$$t_\text{r} = \frac{\pi - \beta}{\omega_\text{d}} = \frac{\pi - \beta}{\omega_\text{n}\sqrt{1-\zeta^2}} = \frac{3.14 - 1.47}{5 \times \sqrt{1-0.1^2}} = 0.336\text{s}$$

$$\beta = \arctan\frac{\sqrt{1-\zeta^2}}{\zeta} = \arctan\frac{\sqrt{1-0.1^2}}{0.1} = \arctan 9.95 = 1.47\text{rad}$$

调整时间：取误差范围为 5%时，得

$$t_\text{s} = \frac{3}{\zeta\omega_\text{n}} = \frac{3}{0.1 \times 5} = 6\text{s}$$

取误差范围为 2%时，得

$$t_\text{s} = \frac{4}{\zeta\omega_\text{n}} = \frac{4}{0.1 \times 5} = 8\text{s}$$

（2）$\zeta = 0.5, \omega_\text{n} = 5$ 时，系统的超调量为

$$M_\text{p} = \text{e}^{-\frac{\pi\zeta}{\sqrt{1-\zeta^2}}} = \text{e}^{-\frac{3.14 \times 0.5}{\sqrt{1-0.5^2}}} = \text{e}^{-1.814} \times 100\% = 0.163 \times 100\% = 16.3\%$$

上升时间：

$$t_\text{r} = \frac{\pi - \beta}{\omega_\text{d}} = \frac{\pi - \beta}{\omega_\text{n}\sqrt{1-\zeta^2}} = \frac{\pi - \frac{\pi}{3}}{5 \times \sqrt{1-0.5^2}} = 0.48\text{s}$$

$$\beta = \arctan\frac{\sqrt{1-\zeta^2}}{\zeta} = \arctan\frac{\sqrt{1-0.5^2}}{0.5} = \frac{\pi}{3}$$

调整时间：取误差范围为 5%时，得

$$t_\text{s} = \frac{3}{\zeta\omega_\text{n}} = \frac{3}{0.5 \times 5} = 1.2\text{s}$$

取误差范围为 2%时，得

$$t_\text{s} = \frac{4}{\zeta\omega_\text{n}} = \frac{4}{0.5 \times 5} = 1.6\text{s}$$

（3）若保持 $\zeta$ 不变而增大 $\omega_\text{n}$ 则不影响超调量 $M_\text{p}$，但上升时间 $t_\text{r}$ 和调整时间 $t_\text{s}$ 均会减小，系统的快速性好；若保持 $\omega_\text{n}$ 不变而改变 $\zeta$，增大 $\zeta$（在 $\zeta < 0.7$ 范围内），虽然上升时间 $t_\text{r}$ 增大，但超调量 $M_\text{p}$ 和调整时间 $t_\text{s}$ 却会减小，系统相对稳定性好。

4-6　设有一闭环系统的传递函数为

$$\frac{C(s)}{R(s)} = \frac{\omega_n^2}{s^2 + 2\zeta\omega_n s + \omega_n^2}$$

为了使系统对阶跃输入的响应，有约 5% 的超调量和 2s 的调整时间，试求 $\zeta$ 和 $\omega_n$ 的值应等于多少？

解：$M_p = e^{-\frac{\pi\zeta}{\sqrt{1-\zeta^2}}} = 5\%$

$$\zeta = -\frac{\ln M_p}{\sqrt{\pi^2 + \ln^2 M_p}} = -\frac{\ln 0.05}{\sqrt{\pi^2 + (\ln 0.05)^2}} = -\frac{-2.996}{\sqrt{3.14^2 + (-2.996)^2}} = 0.69$$

调整时间：取误差范围为 5% 时，得

$$t_s = \frac{3}{\zeta\omega_n} = 2s , \quad \omega_n = \frac{3}{\zeta t_s} = \frac{3}{0.69 \times 2} = 2.17s$$

取误差范围为 2% 时，得

$$t_s = \frac{4}{\zeta\omega_n} = 2s , \quad \omega_n = \frac{4}{\zeta t_s} = \frac{4}{0.69 \times 2} = 2.90s$$

4-7　图 4-1 所示为穿孔纸带输入的数控机床的位置控制系统框图，试求：

（1）系统的无阻尼自然频率 $\omega_n$ 和阻尼比 $\zeta$。

（2）单位阶跃输入下的超调量 $M_p$ 和上升时间 $t_r$。

（3）单位阶跃输入下的稳态误差。

（4）单位斜坡输入下的稳态误差。

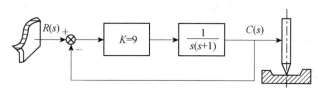

图 4-1

解：

（1）$G(s) = k \cdot \frac{1}{s(s+1)} = \frac{9}{s(s+1)}$

$$\Phi(s) = \frac{G(s)}{1 + G(s)H(s)} = \frac{\dfrac{9}{s(s+1)}}{1 + \dfrac{9}{s(s+1)} \times 1} = \frac{9}{s^2 + s + 9} = \frac{\omega_n^2}{s^2 + 2\zeta\omega_n s + \omega_n^2}$$

$$\zeta = \frac{1}{2\omega_n} = \frac{1}{2 \times 3} = \frac{1}{6}$$

$$\omega_n = 3$$

（2）$M_p = e^{-\frac{\pi\zeta}{\sqrt{1-\zeta^2}}} = e^{-\frac{3.14 \times \frac{1}{6}}{\sqrt{1 - \left(\frac{1}{6}\right)^2}}} = 0.588 \times 100\% = 58.8\%$

上升时间：

$$t_r = \frac{\pi - \beta}{\omega_d} = \frac{\pi - \beta}{\omega_n\sqrt{1-\zeta^2}} = \frac{\pi - 1.4}{3 \times \sqrt{1-\left(\frac{1}{6}\right)^2}} = 0.59\text{s}$$

$$\beta = \arctan\frac{\sqrt{1-\zeta^2}}{\zeta} = \arctan\frac{\sqrt{1-\left(\frac{1}{6}\right)^2}}{\frac{1}{6}} = 1.4\text{rad}$$

（3）根据终值定理，稳态误差可表达为

$$e_{ss} = \lim_{t\to\infty}e(t) = \lim_{s\to 0}sE(s) = \lim_{s\to 0}s\frac{R(s)}{1+G(s)H(s)} = \lim_{s\to 0}s\frac{R(s)}{1+\frac{9}{s(s+1)}\times 1} = \lim_{s\to 0}\frac{s^2(s+1)R(s)}{s^2+s+9}$$

当输入为单位阶跃时，$R(s) = \frac{1}{s}$，稳态误差为

$$e_{ss} = \lim_{s\to 0}\frac{s^2(s+1)R(s)}{s^2+s+9} = \lim_{s\to 0}\frac{s^2(s+1)\cdot\frac{1}{s}}{s^2+s+9} = 0$$

（4）当输入为单位斜坡时，$R(s) = \frac{1}{s^2}$，稳态误差为

$$e_{ss} = \lim_{s\to 0}\frac{s^2(s+1)R(s)}{s^2+s+9} = \lim_{s\to 0}\frac{s^2(s+1)\cdot\frac{1}{s^2}}{s^2+s+9} = \frac{1}{9}$$

4-8　求图 4-2 所示的带速度控制的控制系统多的无阻尼自然频率 $\omega_n$，阻尼比 $\zeta$ 及最大超调量 $M_p$（取 $K$=1500，$\tau_d = 0.01\text{s}$）。

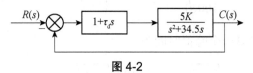

图 4-2

解：

$$\Phi(s) = \frac{G(s)}{1+G(s)H(s)} = \frac{(1+\tau_d s)\frac{5K}{s^2+34.5s}}{1+(1+\tau_d s)\frac{5K}{s^2+34.5s}} = \frac{5K(1+\tau_d s)}{s^2+34.5s+5K(1+\tau_d s)}$$

$$= \frac{5\times1500\times(1+0.01s)}{s^2+34.5s+5\times1500\times(1+0.01s)} = \frac{75s+7500}{s^2+109.5s+7500}$$

$$\omega_n = \sqrt{7500} = 50\sqrt{3} = 50\times1.732 = 86.6$$

$$2\zeta\omega_n = 109.5$$

$$\zeta = \frac{109.5}{2\zeta} = \frac{109.5}{2\times86.6} = 0.632$$

$$M_{\mathrm{p}} - \mathrm{e}^{-\frac{\pi\zeta}{\sqrt{1-\zeta^2}}} = \mathrm{e}^{-\frac{3.14\times0.632}{\sqrt{1-0.632^2}}} = \mathrm{e}^{-2.562} = 7.72\%$$（因为 $\varPhi(s) = \dfrac{75s + 7500}{s^2 + 109.5s + 7500}$，不能按照公式

直接求取，此种解法不正确，需根据定义式求取）

当输入为单位阶跃信号时，$R(s) = \dfrac{1}{s}$，所以

$$C(s) = \frac{75s + 7500}{\left[s - \left(-\zeta + \mathrm{j}\sqrt{1-\zeta^2}\right)\omega_{\mathrm{n}}\right]\left[s - \left(-\zeta - \mathrm{j}\sqrt{1-\zeta^2}\right)\omega_{\mathrm{n}}\right]} \cdot \frac{1}{s}$$

$$= \frac{k_1}{s - \left(-\zeta + \mathrm{j}\sqrt{1-\zeta^2}\right)\omega_{\mathrm{n}}} + \frac{k_2}{s - \left(-\zeta - \mathrm{j}\sqrt{1-\zeta^2}\right)\omega_{\mathrm{n}}} + \frac{k_3}{s}$$

利用部分分式法求得 $k_1$、$k_2$、$k_3$ 为

$$k_1 = -\frac{1}{2} + \mathrm{j}\frac{100\zeta - \omega_{\mathrm{n}}}{200\sqrt{1-\zeta^2}}$$

$$k_2 = -\frac{1}{2} - \mathrm{j}\frac{100\zeta - \omega_{\mathrm{n}}}{200\sqrt{1-\zeta^2}}$$

$$k_3 = 1$$

对 $C(s)$ 进行拉氏逆变换得到系统的阶跃响应为

$$c(t) = k_1 \mathrm{e}^{\left(-\zeta + \mathrm{j}\sqrt{1-\zeta^2}\right)\omega_{\mathrm{n}}t} + k_2 \mathrm{e}^{\left(-\zeta - \mathrm{j}\sqrt{1-\zeta^2}\right)\omega_{\mathrm{n}}t} + k_3$$

将 $k_1$、$k_2$、$k_3$ 代入上式中整理得

$$c(t) = 1 - \mathrm{e}^{-\zeta\omega_{\mathrm{n}}t}\cos\left(\omega_{\mathrm{n}}\sqrt{1-\zeta^2}\,t\right) - \frac{100\zeta - \omega_{\mathrm{n}}}{100\sqrt{1-\zeta^2}}\mathrm{e}^{-\zeta\omega_{\mathrm{n}}t}\sin\left(\omega_{\mathrm{n}}\sqrt{1-\zeta^2}\,t\right)$$

$$= 1 - \mathrm{e}^{-\zeta\omega_{\mathrm{n}}t}\frac{\sqrt{100^2 - 200\zeta\omega_{\mathrm{n}} + \omega_{\mathrm{n}}^2}}{100\sqrt{1-\zeta^2}}\sin\left(\omega_{\mathrm{n}}\sqrt{1-\zeta^2}\,t + \arctan\frac{100\sqrt{1-\zeta^2}}{100\zeta - \omega_{\mathrm{n}}}\right)$$

令 $\left.\dfrac{\mathrm{d}c(t)}{\mathrm{d}t}\right|_{t=t_{\mathrm{p}}} = 0$ 解得第一个峰值时间为

$$t_{\mathrm{p}} = \frac{\pi + \arctan\dfrac{\sqrt{1-\zeta^2}}{\zeta} - \arctan\dfrac{100\sqrt{1-\zeta^2}}{100\zeta - \omega_{\mathrm{n}}}}{\omega_{\mathrm{n}}\sqrt{1-\zeta^2}} = \frac{\pi - \arctan\dfrac{\omega_{\mathrm{n}}\sqrt{1-\zeta^2}}{100 - \zeta\omega_{\mathrm{n}}}}{\omega_{\mathrm{n}}\sqrt{1-\zeta^2}}$$

将 $t_{\mathrm{p}}$ 代入 $c(t)$ 中可得到最大超调量为

$$M_{\mathrm{p}} = c(t_{\mathrm{p}}) - 1 = \mathrm{e}^{-\zeta\omega_{\mathrm{n}}t_{\mathrm{p}}}\frac{\sqrt{100^2 - 200\zeta\omega_{\mathrm{n}} + \omega_{\mathrm{n}}^2}}{100\sqrt{1-\zeta^2}}\sin\left(\pi + \arctan\frac{\sqrt{1-\zeta^2}}{\zeta}\right)$$

$$= \mathrm{e}^{-\frac{\zeta}{\sqrt{1-\zeta^2}}\left(\pi - \arctan\frac{\omega_{\mathrm{n}}\sqrt{1-\zeta^2}}{100 - \zeta\omega_{\mathrm{n}}}\right)} \cdot \frac{\sqrt{100^2 - 200\zeta\omega_{\mathrm{n}} + \omega_{\mathrm{n}}^2}}{100}$$

将 $\zeta$ 和 $\omega_{\mathrm{n}}$ 代入上式求得

$$M_{\mathrm{p}} = \mathrm{e}^{-\frac{0.632}{\sqrt{1-0.632^2}}\left(\pi - \arctan\frac{86.6\sqrt{1-0.632^2}}{100 - 109.5/2}\right)} \cdot \frac{\sqrt{100^2 - 100\times109.5 + 7500}}{100} \approx 13.8\%$$

4-9　已知系统的传递函数为

$$\frac{C(s)}{R(s)} = \frac{T_a s + 1}{(T_1 s + 1)(T_2 s + 1)}$$

试求：

（1）$T_1 = 8, T_2 = 2, T_a = 1, T_a = 4$ 和 $T_a = 16$ 时的单位阶跃响应。

（2）当 $T_1 = 8, T_2 = 2, T_a = 16$ 时，阶跃响应的最大值。

（3）定性分析参数 $T_1, T_2$ 和 $T_a$ 对系统响应时间的影响。

解：（1）

$$C(s) = \frac{T_a s + 1}{(T_1 s + 1)(T_2 s + 1)} \cdot R(s) = \frac{T_a s + 1}{(8s+1)(2s+1)} \cdot \frac{1}{s} = \frac{A}{8s+1} + \frac{B}{2s+1} + \frac{C}{s}$$

$$= \frac{(2A + 8B + 16C)s^2 + (A + B + 10C)s + C}{s(2s+1)(8s+1)}$$

$$\begin{cases} 2A + 8B + 16C = 0 \\ A + B + 10C = T_a \\ C = 1 \end{cases}$$

$T_a = 1$ 时，

$$\begin{cases} A = -\dfrac{28}{3} \\ B = \dfrac{1}{3} \\ C = 1 \end{cases} \qquad C_1(s) = -\frac{\dfrac{7}{6}}{s + \dfrac{1}{8}} + \frac{1}{6\left(s + \dfrac{1}{2}\right)} + \frac{1}{s}$$

$$c_1(t) = L^{-1}[C_1(s)] = -\frac{7}{6}e^{-\frac{1}{8}t} + \frac{1}{6}e^{-\frac{1}{2}t} + 1$$

$T_a = 4$ 时，

$$\begin{cases} A = -\dfrac{16}{3} \\ B = -\dfrac{2}{3} \\ C = 1 \end{cases} \qquad C_2(s) = -\frac{\dfrac{2}{3}}{s + \dfrac{1}{8}} - \frac{1}{3\left(s + \dfrac{1}{2}\right)} + \frac{1}{s}$$

$$c_2(t) = L^{-1}[C_2(s)] = -\frac{2}{3}e^{-\frac{1}{8}t} - \frac{1}{3}e^{-\frac{1}{2}t} + 1$$

$T_a = 16$ 时，

$$\begin{cases} A = \dfrac{32}{3} \\ B = -\dfrac{14}{3} \\ C = 1 \end{cases} \qquad C_3(s) = \frac{\dfrac{4}{3}}{s + \dfrac{1}{8}} - \frac{7}{3\left(s + \dfrac{1}{2}\right)} + \frac{1}{s}$$

$$c_3(t) = L^{-1}[C_3(s)] = \frac{4}{3}e^{-\frac{1}{8}t} - \frac{7}{3}e^{-\frac{1}{2}t} + 1$$

（2）$T_1 = 8, T_2 = 2, T_a = 16$ 时，阶跃响应为

$$c(t) = \frac{4}{3}e^{-\frac{1}{8}t} - \frac{7}{3}e^{-\frac{1}{2}t} + 1$$

仿真结果如图 4-3 所示。

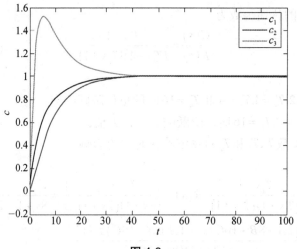

**图 4-3**

$$\frac{dc(t)}{dt} = \frac{d\left(\frac{4}{3}e^{-\frac{1}{8}t} - \frac{7}{3}e^{-\frac{1}{2}t} + 1\right)}{dt} = -\frac{1}{6}e^{-\frac{1}{8}t} + \frac{7}{6}e^{-\frac{t}{2}} = e^{-\frac{t}{8}}\left(\frac{1}{6} - \frac{7}{6}e^{-\frac{3}{8}t}\right) = 0$$

即

$$\frac{1}{6} - \frac{7}{6}e^{-\frac{3}{8}t} = 0 \Rightarrow 7e^{-\frac{3}{8}t} = 1 \Rightarrow t = \frac{8}{3}\ln 7$$

代入 $c(t)$ 表达式得

$$c(t)\Big|_{t=\frac{8}{3}\ln 7} = \frac{4}{3}e^{-\frac{1}{3}\ln 7} - \frac{7}{3}e^{-\frac{4}{3}\ln 7} + 1 = \frac{4}{3}\cdot 7^{-\frac{1}{3}} - \frac{7}{3}\cdot 7^{-\frac{4}{3}} + 1 = \frac{4}{3}\cdot 7^{-\frac{1}{3}} - \frac{7}{3}\cdot\left(7^{-1}\cdot 7^{-\frac{1}{3}}\right) + 1 = 7^{-\frac{1}{3}} + 1$$

（3）$T_1$、$T_2$ 决定了系统的极点 $-\frac{1}{T_1}$、$-\frac{1}{T_2}$，$T_a$ 决定了系统的零点 $z = -\frac{1}{T_a}$，$T_a$ 增大（$1 \to 4 \to 16$），系统超调量增大，上升时间、峰值时间减小；当零点越靠近虚轴，其对系统响应的影响越大。

**4-10** 图 4-4 所示的系统，$G(s) = \dfrac{10}{s(s+4)}$。当输入 $r(t) = 10t$ 和 $r(t) = 4 + 6t + 3t^2$ 时，求系统的稳态误差。

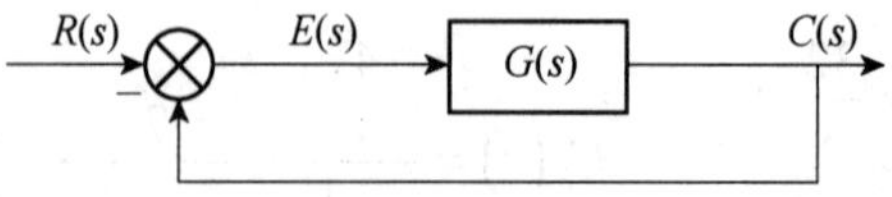

$$R(s) \xrightarrow{\quad} \bigotimes \xrightarrow{E(s)} \boxed{G(s)} \xrightarrow{C(s)}$$

**图 4-4**

解：当输入 $r(t) = 10t$ 时，$R(s) = \dfrac{10}{s^2}$

$$e_{ss} = \lim_{t\to\infty} e(t) = \lim_{s\to 0} sE(s) = \lim_{s\to 0}\frac{sR(s)}{1 + G(s)H(s)} = \lim_{s\to 0}\frac{s\cdot\frac{10}{s^2}}{1 + \frac{10}{s(s+4)}\times 1} = \lim_{s\to 0}\frac{10(s+4)}{s^2 + 4s + 10} = 4$$

当输入 $r(t) = 4 + 6t + 3t^2$ 时，$R(s) = \dfrac{4}{s} + \dfrac{6}{s^2} + \dfrac{6}{s^3}$，

$$e_{ss} = \lim_{t \to \infty} e(t) = \lim_{s \to 0} sE(s) = \lim_{s \to 0} \frac{sR(s)}{1 + G(s)H(s)} = \lim_{s \to 0} \frac{s\left(\dfrac{4}{s} + \dfrac{6}{s^2} + \dfrac{6}{s^3}\right)}{1 + \dfrac{10}{s(s+4)} \times 1} = \lim_{s \to 0} \frac{(4s^2 + 6s + 6)(s+4)}{s(s^2 + 4s + 10)} = \infty$$

**4-11** 设题 4-10 中的前向传递函数变为

$$G(s) = \frac{10}{s(s+1)(10s+1)}$$

输入分别为 $r(t) = 10t$ 和 $r(t) = 4 + 6t + 3t^2$ 和 $r(t) = 4 + 6t + 3t^2 + 1.8t^3$ 时，求系统的稳态误差。

**解：方法一**

系统的开环传递函数为

$$G(s) = \frac{10}{s(s+1)(10s+1)}$$

则此系统为 I 型系统，且开环增益 $K=10$。

根据各种类型系统对 3 种输入信号的稳态误差表，得

当输入 $r(t) = 10t$ 时，$e_{ss} = 10 \cdot \dfrac{1}{K} = 10 \times \dfrac{1}{10} = 1$。

当输入 $r(t) = 4 + 6t + 3t^2$ 时，$e_{ss} = 4 \times 0 + 6 \cdot \dfrac{1}{K} + 3 \times \infty = \infty$。

当输入 $r(t) = 4 + 6t + 3t^2 + 1.8t^3$ 时，$e_{ss} = \infty$。

**方法二**

当输入 $r(t) = 10t$ 时，$R(s) = \dfrac{10}{s^2}$，

$$e_{ss} = \lim_{t \to \infty} e(t) = \lim_{s \to 0} sE(s) = \lim_{s \to 0} \frac{sR(s)}{1 + G(s)H(s)} = \lim_{s \to 0} \frac{s \cdot \dfrac{10}{s^2}}{1 + \dfrac{10}{s(s+1)(10s+1)} \times 1}$$

$$= \lim_{s \to 0} \frac{10(s+1)(10s+1)}{s(s+1)(10s+1) + 10} = 1$$

当输入 $r(t) = 4 + 6t + 3t^2$ 时，$R(s) = \dfrac{4}{s} + \dfrac{6}{s^2} + \dfrac{6}{s^3}$，

$$e_{ss} = \lim_{t \to \infty} e(t) = \lim_{s \to 0} sE(s) = \lim_{s \to 0} \frac{sR(s)}{1 + G(s)H(s)} = \lim_{s \to 0} \frac{s\left(\dfrac{4}{s} + \dfrac{6}{s^2} + \dfrac{6}{s^3}\right)}{1 + \dfrac{10}{s(s+1)(10s+1)} \times 1}$$

$$= \lim_{s \to 0} \frac{(4s^2 + 6s + 6)(s+1)(10s+1)}{s^2(s+1)(10s+1) + 10s} = \infty$$

当输入 $r(t) = 4 + 6t + 3t^2 + 1.8t^3$ 时，$R(s) = \dfrac{4}{s} + \dfrac{6}{s^2} + \dfrac{6}{s^3} + \dfrac{10.8}{s^4}$，

$$e_{ss} = \lim_{t \to \infty} e(t) = \lim_{s \to 0} sE(s) = \lim_{s \to 0} \frac{sR(s)}{1 + G(s)H(s)} = \lim_{s \to 0} \frac{s\left(\dfrac{4}{s} + \dfrac{6}{s^2} + \dfrac{6}{s^3} + \dfrac{10.8}{s^4}\right)}{1 + \dfrac{10}{s(s+1)(10s+1)} \times 1}$$

$$= \lim_{s \to 0} \frac{(4s^3 + 6s^2 + 6s + 10.8)(s+1)(10s+1)}{s^3(s+1)(10s+1) + 10s^2} = \infty$$

**4-12** 求图 4-5 所示的系统的静态误差系数 $K_p$， $K_v$， $K_a$，当输入 $r(t) = 40t$ 时，稳态速度误差等于多少？

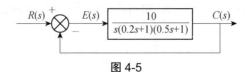

图 4-5

解：由题意知，系统的开环传递函数为

$$G(s) = \frac{10}{s(0.2s+1)(0.5s+1)}$$

则此系统为 I 型系统，且开环增益 $K = 10$，$H(s) = 1$。

系统的静态位置误差系数 $K_p$

$$K_p = \lim_{s \to 0} G(s)H(s) = \lim_{s \to 0} \frac{10}{s(0.2s+1)(0.5s+1)} \times 1 = \infty$$

系统的静态速度误差系数 $K_v$

$$K_v = \lim_{s \to 0} sG(s)H(s) = \lim_{s \to 0} s \frac{10}{s(0.2s+1)(0.5s+1)} \times 1 = 10$$

系统的静态加速度误差系数 $K_a$

$$K_a = \lim_{s \to 0} s^2 G(s)H(s) = \lim_{s \to 0} s^2 \frac{10}{s(0.2s+1)(0.5s+1)} \times 1 = 0$$

稳态速度误差 $e_{ss}$

$$e_{ss} = \lim_{t \to \infty} e(t) = \lim_{s \to 0} sE(s) = \lim_{s \to 0} \frac{sR(s)}{1 + G(s)H(s)} = \lim_{s \to 0} \frac{s \cdot \dfrac{40}{s^2}}{1 + \dfrac{10}{s(0.2s+1)(0.5s+1)} \times 1}$$

$$= \lim_{s \to 0} \frac{40(0.2s+1)(0.5s+1)}{s(0.2s+1)(0.5s+1) + 10} = 4$$

**4-13** 已知单位反馈系统的传递函数分别为 $G_1(s) = \dfrac{10}{s(s+1)}$，$G_2(s) = \dfrac{10}{2s+1}$，求：

（1）输入为 $r(t) = 1(t)$ 时的稳态误差。

（2）输入为 $r(t) = 1(t)$ 时的误差响应。

（3）说明系统参数对系统误差的影响。

解：（1）单位反馈系统，即 $H(s) = 1$，输入为 $r(t) = 1(t)$，即

$$R(s) = \frac{1}{s}$$

$$e_{ss1} = \lim_{t \to \infty} e(t) = \lim_{s \to 0} sE(s) = \lim_{s \to 0} \frac{sR(s)}{1+G_1(s)H(s)} = \lim_{s \to 0} \frac{s \cdot \frac{1}{s}}{1+\frac{10}{s(s+1)} \times 1} = \lim_{s \to 0} \frac{s(s+1)}{s^2+s+10} = 0$$

$$e_{ss2} = \lim_{t \to \infty} e(t) = \lim_{s \to 0} sE(s) = \lim_{s \to 0} \frac{sR(s)}{1+G_2(s)H(s)} = \lim_{s \to 0} \frac{s \cdot \frac{1}{s}}{1+\frac{10}{2s+1} \times 1} = \lim_{s \to 0} \frac{2s+1}{2s+11} = \frac{1}{11}$$

（2） $E_1(s) = \dfrac{R(s)}{1+G_1(s)H(s)} = \dfrac{\frac{1}{s}}{1+\frac{10}{s(s+1)} \times 1} = \dfrac{s+1}{s^2+s+10} = \dfrac{s+\frac{1}{2}+\frac{1}{\sqrt{39}} \cdot \frac{\sqrt{39}}{2}}{\left(s+\frac{1}{2}\right)^2+\frac{39}{4}}$

$$e_1(t) = L^{-1}\left[E_1(s)\right] = e^{-\frac{1}{2}t}\cos\frac{\sqrt{39}}{2}t + \frac{1}{\sqrt{39}}e^{-\frac{1}{2}t}\sin\frac{\sqrt{39}}{2}t$$

$$= \frac{e^{-\frac{1}{2}t}}{\sqrt{\frac{39}{40}}}\left(\sin\frac{\sqrt{39}}{2}t \cdot \frac{1}{\sqrt{40}} + \frac{\sqrt{39}}{\sqrt{40}}\cos\frac{\sqrt{39}}{2}t\right)$$

$$= \frac{e^{-\frac{1}{2}t}}{\sqrt{\frac{39}{40}}}\sin\left(\frac{\sqrt{39}}{2}t + \arctan\sqrt{39}\right)$$

注： $\theta = \arctan\sqrt{39}\theta$ 。

$$E_2(s) = \frac{R(s)}{1+G_2(s)H(s)} = \frac{\frac{1}{s}}{1+\frac{10}{2s+1} \times 1} = \frac{2s+1}{s(2s+11)} = \frac{\frac{1}{11}}{s} + \frac{\frac{20}{11}}{2s+11}$$

$$e_2(t) = L^{-1}\left[E_2(s)\right] = L^{-1}\left[\frac{\frac{1}{11}}{s} + \frac{\frac{20}{11}}{2s+11}\right]$$

$$= \frac{1}{11} + \frac{10}{11}e^{-\frac{11}{2}t} = \frac{1}{11}\left(1+10e^{-\frac{11}{2}t}\right)$$

（3）影响系统稳态误差的因素主要为系统的类型、开环增益、输入信号和干扰信号及系统的结构。在此题中影响系统稳态误差的因素为系统的类型，阶跃输入 $r(t)=1$ 输入下，Ⅰ型系统稳态误差为 0，0 型系统稳态误差是有值的。

**4-14** 已知系统如图 4-6 所示，其中

$$G_1(s) = \frac{5}{T_1 s+1}, G_2(s) = \frac{10(\tau s+1)}{T_2 s+1}, G_3(s) = \frac{100}{s(T_3 s+1)}$$

求当系统干扰 $n_1(t), n_2(t), n_3(t)$ 及输入 $r(t)$ 均为单位阶跃信号时，输入和干扰分别引起的稳

态误差。

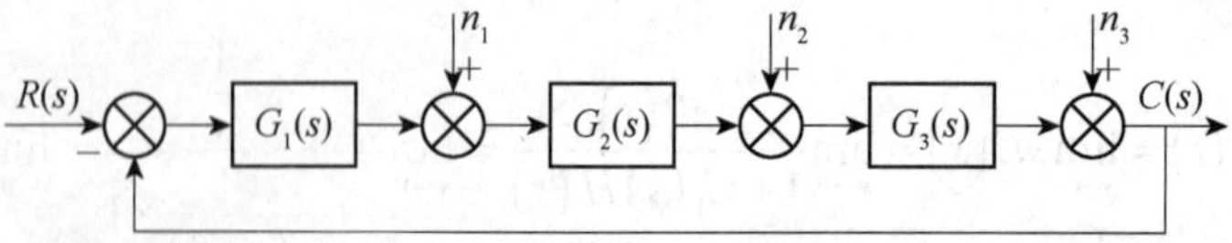

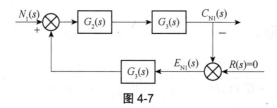

图 4-6

解：输入引起的稳态误差 $e_{ssR}$，此时 $N_1(s)=N_2(s)=N_3(s)=0$，

$$E_{ssR}(s)=R(s)-C(s)=R(s)-E_{ssR}(s)G_1(s)G_2(s)G_3(s)$$

即，

$$E_{ssR}(s)=\frac{R(s)}{1+G_1(s)G_2(s)G_3(s)}=\frac{\dfrac{1}{s}}{1+\dfrac{5}{T_1s+1}\cdot\dfrac{10(\tau s+1)}{T_2s+1}\cdot\dfrac{100}{s(T_3s+1)}}$$

$$=\frac{(T_1s+1)(T_2s+1)(T_3s+1)}{s(T_1s+1)(T_2s+1)(T_3s+1)+5000(\tau s+1)}$$

$$e_{ssR}=\lim_{t\to\infty}e_{ssR}(t)=\lim_{s\to0}sE_{ssR}(s)=\lim_{s\to0}s\frac{(T_1s+1)(T_2s+1)(T_3s+1)}{s(T_1s+1)(T_2s+1)(T_3s+1)+5000(\tau s+1)}=0$$

引入干扰 $n_1(t)$ 后的系统框图如图 4-7 所示，干扰 $n_1(t)$ 引起的稳态误差 $e_{ssN1}$，此时 $R(s)=N_2(s)=N_3(s)=0$。

图 4-7

$$E_{N1}(s)=R(s)-C_{N1}(s)=0-C_{N1}(s)=-G_{N1}(s)N_1(s)$$

$$=-\frac{G_2(s)G_3(s)N_1(s)}{1+G_1(s)G_2(s)G_3(s)}=-\frac{\dfrac{10(\tau s+1)}{T_2s+1}\cdot\dfrac{100}{s(T_3s+1)}\cdot\dfrac{1}{s}}{1+\dfrac{10(\tau s+1)}{T_2s+1}\cdot\dfrac{100}{s(T_3s+1)}\cdot\dfrac{5}{T_1s+1}}$$

$$=-\frac{1000(\tau s+1)(T_1s+1)}{s^2(T_1s+1)(T_2s+1)(T_3s+1)+5000(\tau s+1)}$$

$$e_{ssN1}=\lim_{t\to\infty}e_{ssN1}(t)=\lim_{s\to0}sE_{N1}(s)=\lim_{s\to0}-\frac{1000s(\tau s+1)(T_1s+1)}{s^2(T_1s+1)(T_2s+1)(T_3s+1)+5000s(\tau s+1)}$$

$$=\lim_{s\to0}-\frac{1000(\tau s+1)(T_1s+1)}{s(T_1s+1)(T_2s+1)(T_3s+1)+5000(\tau s+1)}=-\frac{1}{5}$$

引入干扰 $n_2(t)$ 后的系统框图如图 4-8 所示，干扰 $n_2(t)$ 引起的稳态误差 $e_{ssN2}$，此时

$R(s) = N_1(s) = N_3(s) = 0$。

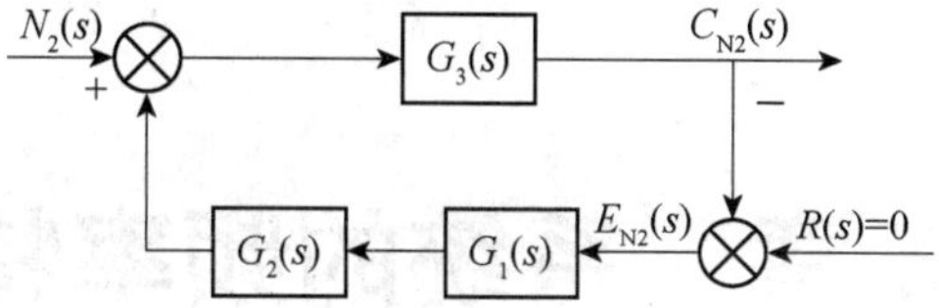

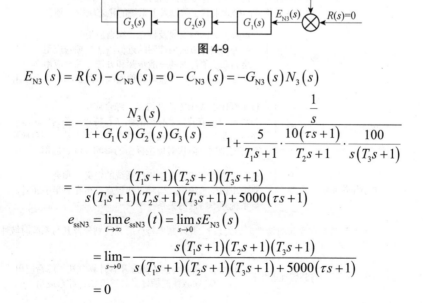

图 4-8

$$E_{N2}(s) = R(s) - C_{N2}(s) = 0 - C_{N2}(s) = -G_{N2}(s)N_2(s)$$

$$= -\frac{G_3(s)N_2(s)}{1 + G_1(s)G_2(s)G_3(s)} = -\frac{\dfrac{100}{s(T_3s+1)} \cdot \dfrac{1}{s}}{1 + \dfrac{10(\tau s+1)}{T_2s+1} \cdot \dfrac{100}{s(T_3s+1)} \cdot \dfrac{5}{T_1s+1}}$$

$$= -\frac{100(T_1s+1)(T_2s+1)}{s^2(T_1s+1)(T_2s+1)(T_3s+1) + 5000s(\tau s+1)}$$

$$e_{ssN2} = \lim_{t\to\infty} e_{ssN2}(t) = \lim_{s\to 0} sE_{N2}(s) = \lim_{s\to 0} -\frac{100s(T_1s+1)(T_2s+1)}{s^2(T_1s+1)(T_2s+1)(T_3s+1) + 5000s(\tau s+1)}$$

$$= \lim_{s\to 0} -\frac{100(T_1s+1)(T_2s+1)}{s(T_1s+1)(T_2s+1)(T_3s+1) + 5000(\tau s+1)}$$

$$= -\frac{1}{50}$$

引入干扰 $n_3(t)$ 后系统框图如图 4-9 所示，干扰 $n_3(t)$ 引起的稳态误差 $e_{ssN3}$，此时 $R(s) = N_1(s) = N_3(s) = 0$。

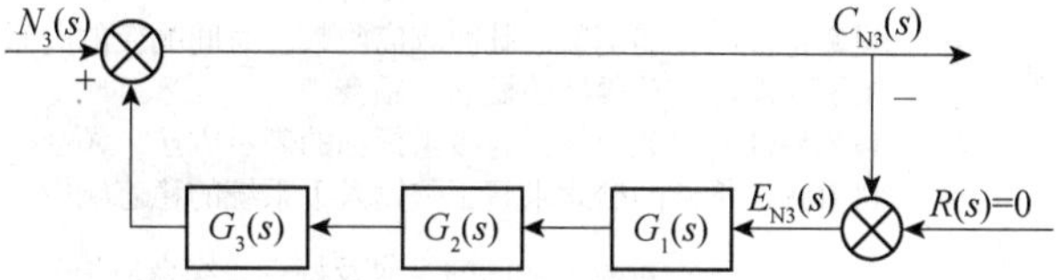

图 4-9

$$E_{N3}(s) = R(s) - C_{N3}(s) = 0 - C_{N3}(s) = -G_{N3}(s)N_3(s)$$

$$= -\frac{N_3(s)}{1 + G_1(s)G_2(s)G_3(s)} = -\frac{\dfrac{1}{s}}{1 + \dfrac{5}{T_1s+1} \cdot \dfrac{10(\tau s+1)}{T_2s+1} \cdot \dfrac{100}{s(T_3s+1)}}$$

$$= -\frac{(T_1s+1)(T_2s+1)(T_3s+1)}{s(T_1s+1)(T_2s+1)(T_3s+1) + 5000(\tau s+1)}$$

$$e_{ssN3} = \lim_{t\to\infty} e_{ssN3}(t) = \lim_{s\to 0} sE_{N3}(s)$$

$$= \lim_{s\to 0} -\frac{s(T_1s+1)(T_2s+1)(T_3s+1)}{s(T_1s+1)(T_2s+1)(T_3s+1) + 5000(\tau s+1)}$$

$$= 0$$

# 第 5 章　系统的频率特性

## 学习目的与要求

通过本章学习，明确频率特性的基本概念，频率特性与传递函数的关系，系统的动刚度与动柔度的概念，掌握频率特性的两种图形表示方法以及频率特性与时间响应之间的关系，各典型环节及系统的伯德图和极坐标图的画法，闭环频率特性及相应的性能指标，为系统的频域分析、稳定性分析以及综合校正打下基础。

## 考试知识点与考核要求

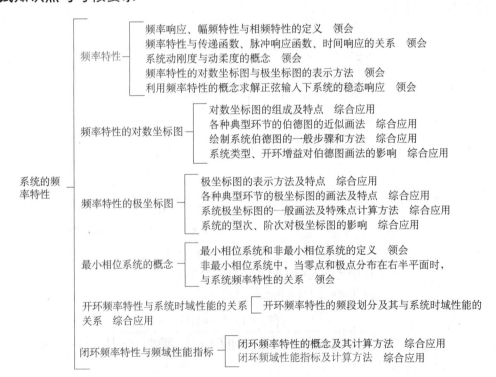

**重点难点**

　　本章重点：频率特性的基本概念及其伯德图和奈奎斯特图的画法及特点，闭环频率特性的性能指标及其计算方法。

　　本章难点：频率特性的伯德图（采用渐近线作图，关键是转折频率）与奈奎斯特图的画法，特别是有零点时两者的画法。

# 5.1　频率特性

　　**1．领会——系统频率响应、幅频特性、相频特性和频率特性的定义**

　　频率响应：线性定常系统对谐波输入的稳态响应。

　　幅频特性：线性定常系统在简谐信号激励下，其稳态输出信号和输入信号的幅值比，记为 $A(\omega)$；

　　相频特性：线性定常系统在简谐信号激励下，其稳态输出信号和输入信号的相位差，记为 $\phi(\omega)$；

　　频率特性：幅频特性与相频特性的统称。即，线性定常系统在简谐信号激励下，其稳态输出信号和输入信号的幅值比、相位差随激励信号频率 $\omega$ 变化特性，记为 $G(\mathrm{j}\omega) = A(\omega)\mathrm{e}^{\mathrm{j}\varphi(\omega)}$

　　频率特性又称频率响应函数，是激励频率 $\omega$ 的函数。

　　**2．领会——系统频率特性与传递函数、微分方程之间的关系**

　　频率特性、微分方程、传递函数三者之间关系如图 5-1 所示。

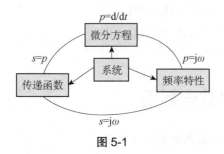

**图 5-1**

　　因此，频率特性的求取方法有：传递函数法和微分方程法。

　　（1）传递函数法：令传递函数 $G(s)$ 中的 $s=\mathrm{j}\omega$，就可以得到系统的频率特性。

　　（2）微分方程法：根据已知系统的微分方程，把输入以正弦函数代入，求稳态解，稳态解的幅值与正弦函数的幅值之比为幅频特性，稳态解的相位与正弦函数的相位之差为相频特性，幅频特性与相频特性总称为系统的频率特性。

　　在应用中经常使用第一种方法。

### 3．领会——系统频率特性的特点

频率特性主要有以下特点：

（1）频率特性是传递函数 $s=j\omega$ 的特例，反映了系统频域内固有特性，是系统单位脉冲响应函数的傅立叶变换，所以频率特性分析就是对单位脉冲响应函数的频谱分析。

（2）频率特性是分析系统的稳态响应，以获得系统的稳态特性。

（3）在经典控制理论范畴，频率分析法比时域分析法简单。

### 4．领会——机械系统的动柔度和动刚度

机械系统的动柔度和动刚度：若机械系统的输入为力，输出为位移（变形），则机械系统的频率特性就是机械系统的动柔度；机械系统的频率特性的倒数就是机械系统的动刚度。

### 5．领会——利用频率特性概念求解正弦信号输入下系统的稳态响应

例：系统传递函数 $G(s)=\dfrac{K}{Ts+1}$，$X_i(s)=\dfrac{X_i\omega}{s^2+\omega^2}$ ，求系统的频率特性。

解：$x_0(t)=L^{-1}\left[G(s)\dfrac{X_i\omega}{s^2+\omega^2}\right]$，则稳态输出（频率响应）

$$x_0(t)=\frac{X_iK}{\sqrt{1+T^2\omega^2}}\sin(\omega t-\arctan T\omega)$$

故系统的频率特性为

$$\begin{cases} A(\omega)=\dfrac{X_0(\omega)}{X_i}=\dfrac{K}{\sqrt{1+T^2\omega^2}} \\ \phi(\omega)=-\arctan T\omega \end{cases}$$

### 6．领会——频率特性的表示方法

为了直观地表示系统在比较宽的频率范围内的频率响应，图形法比函数表示要方便的多，常见的图形表示方法有以下几种：

（1）对数坐标图或称伯德图（Bode 图）；

（2）极坐标图或称奈奎斯特图（Nyquist 图）；

（3）对数幅-相图或称尼柯尔斯图。

## 5.2  频率特性的对数坐标图

### 1．综合应用——对数坐标图的定义及特点

伯德图由对数幅频特性和对数相频特性两条曲线组成。

（1）伯德图的坐标轴

① 横坐标（称为频率轴）分度：它是以频率 $\omega$ 的对数值 $\log\omega$ 进行线性分度的。但为了便于观察仍标以 $\omega$ 的值，因此对 $\omega$ 而言是非线性刻度。$\omega$ 每变化十倍，横坐标变化一个单位长度，称为十倍频程（或十倍频），用 dec 表示，如图 5-2 所示。

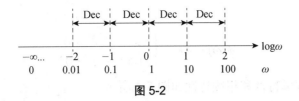

图 5-2

更详细的刻度如图 5-3 所示。

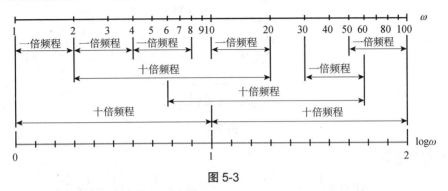

图 5-3

② 纵坐标分度：对数幅频特性曲线的纵坐标以 $L(\omega)=20\log A(\omega)$ 表示，其单位为分贝（dB）。

相频特性曲线的纵坐标以度或弧度为单位进行线性分度。

一般将幅频特性和相频特性画在一张图上，使用同一个横坐标（频率轴）。

当幅频特性值用分贝值表示时，通常将它称为增益。幅值和增益的关系为：增益=20log（幅值）。

（2）使用对数坐标图的优点

① 容易根据典型环节伯德图的特点，利用叠加法或顺序法绘制系统 Bode 图；

② 可以用对数幅频特性的渐近线代替其精确曲线，简化作图；

③ 可以在较大频率范围内研究系统的频率特性；

④ 便于细化任一感兴趣频段的伯德图；

⑤ 可以方便地对系统进行辨识，可以方便地研究环节或参数对系统性能的影响。

所有的典型环节的幅频特性都可以用分段直线（渐近线）近似表示。对实验所得的频率特性用对数坐标表示，并用分段直线近似的方法，可以很容易的写出它的频率特性表达式。

### 2．综合应用——各典型环节的对数坐标图

（1）比例环节

$$G(s) = K \qquad G(\mathrm{j}\omega) = K$$

幅频特性，$A(\omega) = K$；相频特性，$\varphi(\omega) = \angle K$。

对数幅频特性：

$$L(\omega) = 20\lg |K| = 常数 = \begin{cases} > 0 & |K| > 1 \\ = 0 & |K| = 1 \\ < 0 & |K| < 1 \end{cases}$$

相频特性：

$$\phi(\omega) = \angle K = \begin{cases} 0° & K \geqslant 0 \\ -180° & K < 0 \end{cases}$$

比例环节对数幅频特性和相频特性如图 5-4 所示。

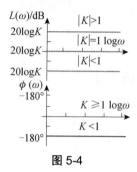

**图 5-4**

（2）积分环节

$$G(s) = \frac{1}{s} \qquad\qquad G(j\omega) = \frac{1}{j\omega} = -j\frac{1}{\omega} = \frac{1}{\omega}e^{-\frac{\pi}{2}j}$$

$$A(\omega) = \frac{1}{\omega} \qquad\qquad \phi(\omega) = \arctan\left(-\frac{1}{\omega}\Big/0\right) = -\frac{\pi}{2}$$

$$L(\omega) = 20\log A(\omega) = 20\log\frac{1}{\omega}$$

$$= -20\log\omega$$

$$\omega = 1, L(\omega) = 0$$

$$\omega = 10, L(\omega) = -20$$

可见斜率为-20dB/dec，如图 5-5 所示。

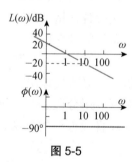

**图 5-5**

（3）惯性环节

$$G(s) = \frac{1}{Ts+1} \qquad\qquad G(j\omega) = \frac{1}{Tj\omega+1}$$

$$A(\omega) = \frac{1}{\sqrt{1+T^2\omega^2}}, \qquad \phi(\omega) = -\arctan T\omega$$

① 对数幅频特性：

$$L(\omega) = 20\log A(\omega) = -20\log\sqrt{1+T^2\omega^2}$$

为了图示简单，采用分段直线近似表示，方法如下（见图 5-6）。

低频段：$T\omega \ll 1$，$L(\omega) \approx 20\log 1 = 1$，称为低频渐近线。

高频段：$T\omega \gg 1$，$L(\omega) \approx -20\log 1 T\omega$，称为高频渐近线。这是一条斜率为-20dB/dec 的直线（表示每增加 10 倍频程下降 20 分贝）。

当 $\omega \to 0$ 时，对数幅频曲线趋近于低频渐近线，当 $\omega \to \infty$ 时，趋近于高频渐近线。

低频高频渐近线的交点为 $T\omega = 1$，$\omega_0 = \dfrac{1}{T}$，称为转折频率或交换频率。

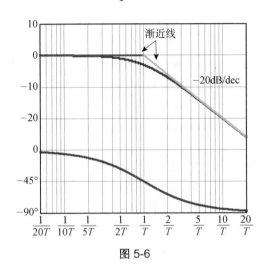

图 5-6

伯德图误差分析（实际频率特性和渐近线之间的误差，见图 5-7）：

当 $\omega \leqslant \omega_0$ 时，误差为

$$\Delta_1 = -20\log\sqrt{1+T^2\omega^2}$$

当 $\omega > \omega_0$ 时，误差为

$$\Delta_2 = -20\log\sqrt{1+T^2\omega^2} + 20\log T\omega$$

最大误差发生在 $\omega = \omega_0 = \dfrac{1}{T}$ 处，为

$$\Delta_{\max} = -20\log\sqrt{1+T^2\omega_0^2}$$
$$\approx -3(\text{dB})$$

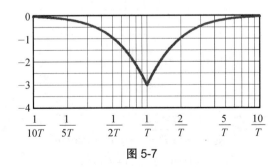

图 5-7

② 相频特性：

$$\phi(\omega) = -\arctan T\omega$$

当 $\omega = 0$ 时，$\phi(0) = 0$；当 $\omega = \dfrac{1}{T}$ 时，$\phi\left(\dfrac{1}{T}\right) = -\dfrac{\pi}{4}$；当 $\omega = \infty$ 时，$\phi(\infty) = -\dfrac{\pi}{2}$。

由图不难看出相频特性曲线在半对数坐标系中对于（$\omega_0$，$-45°$）点是斜对称的，这是对数相频特性的一个特点。

当时间常数 $T$ 变化时，对数幅频特性和对数相频特性的形状都不变，仅仅是根据转折频率 $1/T$ 的大小整条曲线向左或向右平移即可。而当增益改变时，相频特性不变，幅频特性上下平移。

（4）微分环节

微分环节有三种：纯微分、一阶微分和二阶微分。其传递函数分别为

$$G(s) = s$$
$$(s) = 1 + Ts$$
$$(s) = T^2 s^2 + 2\zeta T s + 1$$

频率特性分别为

$$G(j\omega) = j\omega$$
$$G(j\omega) = 1 + jT\omega$$
$$G(j\omega) = 1 - T^2 \omega^2 + j2\zeta \omega T$$

① 纯微分：

$$A(\omega) = j\omega$$
$$L(\omega) = 20\log A(\omega) = 20\log \omega$$
$$\phi(\omega) = \dfrac{\pi}{2}$$

纯微分环节频率如图 5-8 所示。

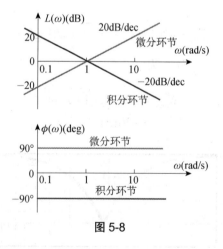

图 5-8

② 一阶微分：

$$A(\omega) = \sqrt{1 + T^2\omega^2}, \quad \phi(\omega) = \arctan T\omega$$
$$L(\omega) = 20\lg\sqrt{1 + T^2\omega^2}$$

对数幅频特性（用渐近线近似）：

低频段渐近线　当 $T\omega \ll 1$ 时，$A(\omega) \approx 1$，$20\log A(\omega) = 0$。

高频段渐近线　当 $T\omega \gg 1$ 时，　$A(\omega) \approx T\omega, L(\omega) = 20\log T\omega$ 。

这是斜率为+20dB/dec 的直线，低、高频渐近线的交点为 $\omega = \dfrac{1}{T}$ ，如图 5-9 所示。

对于相频特性，有如下几个特殊点：

$$\omega = 0, \ \phi(\omega) = 0; \ \omega = \frac{1}{T}, \ \phi(\omega) = \frac{\pi}{4}; \ \omega = \infty, \ \phi(\omega) = \frac{\pi}{2}$$

相角的变化范围为 $0 \sim \dfrac{\pi}{2}$ 。

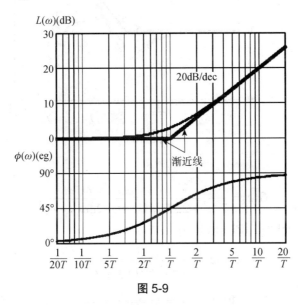

图 5-9

③　二阶微分环节：

$$G(s) = T^2 s^2 + 2\zeta Ts + 1$$

幅频和相频特性为

$$A(\omega) = \sqrt{(1 - T^2\omega^2)^2 + (2\xi\omega T)^2} \ , \quad \phi(\omega) = \arctan \frac{2\xi\omega T}{1 - T^2\omega^2}$$

$$L(\omega) = 20\lg \sqrt{(1 - T^2\omega^2)^2 + (2\zeta\omega T)^2}$$

低频渐近线：$T\omega \ll 1$ 时，　$L(\omega) \approx 0$ 。

高频渐近线：

$$T\omega \gg 1 \text{时，} \quad L(\omega) = 20\lg \sqrt{(1 - T^2\omega^2)^2 + (2\xi\omega T)^2} \approx 40\lg T\omega$$

转折频率为 $\omega_0 = \dfrac{1}{T}$ ，高频段的斜率+40dB/dec。

相角的变化范围从 $0 \sim 180°$ 。二阶微分环节频率如图 5-10 所示。

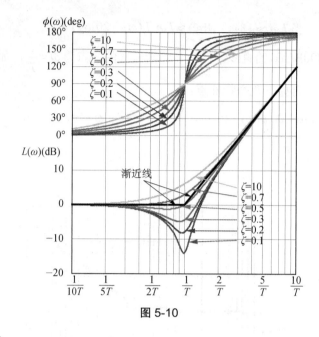

图 5-10

（5）振荡环节

$$G(s) = \frac{1}{T^2 s^2 + 2\zeta Ts + 1} = \frac{\omega_n^2}{s^2 + 2\zeta\omega_n s + \omega_n^2}$$

讨论 $0 < \xi < 1$ 时的情况，频率特性为

$$G(j\omega) = \frac{1}{(1 - T^2\omega^2) + j2\xi\omega T}$$

$$A(\omega) = \frac{1}{\sqrt{(1 - T^2\omega^2)^2 + (2\zeta\omega T)^2}}$$

$$\phi(\omega) = -\mathrm{tg}^{-1}\frac{2\zeta\omega T}{1 - T^2\omega^2}$$

对数幅频特性为

$$L(\omega) = 20\lg A(\omega) = -20\lg\sqrt{(1 - T^2\omega^2)^2 + (2\xi\omega T)^2}$$

低频段渐近线

$$T\omega \ll 1\text{时}, \quad L(\omega) \approx 0$$

高频段渐近线：

$$T\omega \gg 1\text{时}, \quad L(\omega) \approx -20\lg\sqrt{(T^2\omega^2)^2} = -40\lg T\omega$$

两渐近线的交点 $\omega_0 = \dfrac{1}{T}$ 称为转折频率，$\omega > \omega_0$ 后斜率为 -40dB/dec。

几个特征点：$\omega = 0$，$\phi(\omega) = 0$；$\omega = \dfrac{1}{T}$，$\phi(\omega) = -\dfrac{\pi}{2}$；$\omega = \infty$，$\phi(\omega) = -\pi$。

振荡环节频率特性如图 5-11 所示。

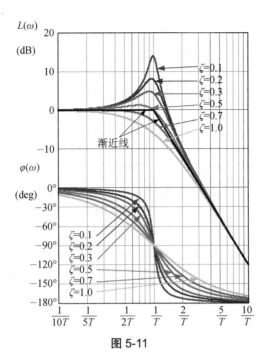

图 5-11

（6）延迟环节

$$G(s) = e^{-\tau s}, \quad G(j\omega) = e^{-j\tau\omega}$$
$$A(\omega) = 1, \quad L(\omega) = 0$$
$$\phi(\omega) = -\omega\tau(\text{rad})$$
$$= -57.3\omega\tau(°)$$

延迟环节频率特性如图 5-12 所示。

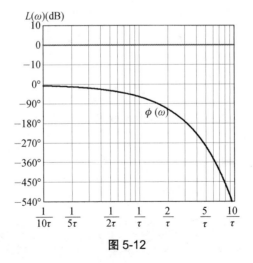

图 5-12

### 3．综合应用——系统对数频率特性的绘制

绘制对数幅频特性通常只画出近似折线，如需要较精确的曲线，就对近似折线进行适当修正。绘制步骤如下：

① 把 $G(s)$ 化成时间常数形式

$$G(s) = \frac{K \prod_{i=1}^{m_1}(1+\tau_i s) \prod_{k=1}^{m_2}(1+2\zeta_k \tau_k s + \tau_k^2 s^2)\mathrm{e}^{-T_d s}}{s^\nu \prod_{j=1}^{n_1}(1+T_j s) \prod_{l=1}^{n_2}(1+2\zeta_l T_l s + T_l^2 s^2)}$$

② 求出各基本环节的转折频率，并按转折频率排序。

③ 确定低频渐近线，其斜率为 $-n \times 20\mathrm{dB/dec}$，该渐近线或其延长线（当 $\omega<1$ 的频率范围内有转折频率时）穿过（$\omega=1$，$L(\omega)=20\lg K$）。

④ 低频渐近线向右延伸，依次在各转折频率处改变直线的斜率，其改变的量取决于该转折频率所对应的环节类型，如惯性环节为 $-20\mathrm{dB/dec}$，振荡环节为 $-40\mathrm{dB/dec}$，一阶微分环节为 $20\mathrm{dB/dec}$ 等。这样就能得到近似对数幅频特性。

⑤ 对数相频特性的绘制，通常是分别画出各基本环节的 $j(\omega)$，然后曲线相加。

**4．综合应用——系统类型、开环增益对系统伯德图画法的影响**

系统传递函数的一般表达式为

$$G(s) = \frac{K \prod_{i=1}^{m}(\tau_i s + 1)}{s^\nu \prod_{j=1}^{n}(T_j s + 1)}$$

（1）$\nu=0$（0 型系统）

系统的伯德图如图 5-13 所示。

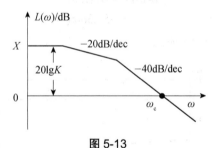

图 5-13

低频渐近线为 $L(\omega)=20\lg K_p=\chi$，即 $K_p=10^{\chi/20}$。

（2）$\nu=1$（Ⅰ型系统）

系统的伯德图如图 5-14 所示。

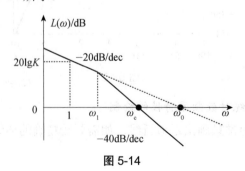

图 5-14

$\omega=1$，$L（\omega）=20\lg K_v$，低频段的曲线与横轴相交点的频率为 $\omega_0$，有

$$\frac{20\lg K}{\lg \omega_0 - \lg 1} = 20$$

因此 $20\lg K_v=20\lg \omega_0$，$K_v=\omega_0$。

（3）$v=2$（Ⅱ型系统）

系统的伯德图如图 5-15 所示。

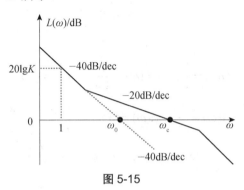

图 5-15

$\omega=1$，$L（\omega）=20\lg K_a$，低频段的曲线与横轴相交点的频率为 $\omega_0$，有

$$\frac{20\lg K}{\lg \omega_0 - \lg 1} = 40$$

因此 $20\lg K_a=40\lg \omega_0$，$K_a= \omega_0^2$。

# 5.3  频率特性的极坐标图

**1．综合应用——极坐标图的表示方法及特点**

（1）极坐标图是根据复数的矢量表示方法来表示频率特性的。频率特性函数 $G（j\omega）$ 可表示为

$$G(j\omega) = \left|G(j\omega)\right| e^{j\phi(\omega)}$$

只要知道了某一频率下 $G（j\omega）$ 的模和幅角，就可以在极坐标系上确定一个矢量。矢量的末端点随 $\omega$ 变动就可以得到一条矢端曲线，这就是频率特性曲线。

工程上的极坐标图常和直角坐标系共同画在一个平面上。横坐标是频率特性的实部，纵坐标是频率特性的虚部，形成了一个直角坐标复平面。实频特性 $U（\omega）$ 和虚部特性 $V（\omega）$ 的具体值确定了平面上的点。这个点就是由坐标系原点指向该点的矢量的端点。

（2）极坐标图的优点是利用实频特性、虚频特性作频率特性图比较方便，利用复数的矢量表示法求幅频特性和相频特性比较简单。

极坐标图又称为奈奎斯特（Nyquist）图或幅相特性图。

**2．综合应用——各典型环节的极坐标图**

（1）比例环节

$$G(s) = K \qquad G(j\omega) = K$$

幅频特性为 $A（\omega）=K$；相频特性为 $\phi（\omega）=0$ $（K>0）$。比例环节的奈奎斯特图如图 5-16

所示。

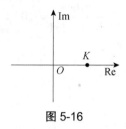

图 5-16

（2）积分环节

$$G(s) = \frac{1}{s} \qquad G(\mathrm{j}\omega) = \frac{1}{\mathrm{j}\omega} = -\mathrm{j}\frac{1}{\omega} = \frac{1}{\omega}\mathrm{e}^{-\frac{\pi}{2}\mathrm{j}}$$

$$A(\omega) = \frac{1}{\omega} \qquad \phi(\omega) = \tan^{-1}\left(-\frac{1}{\omega}\Big/0\right) = -\frac{\pi}{2}$$

$$\omega = 0：A(\omega) = \infty,\ \phi(\omega) = -\frac{\pi}{2}$$

$$\omega = \infty：A(\omega) = 0,\ \phi(\omega) = -\frac{\pi}{2}$$

积分环节的奈奎斯特图如图 5-17 所示。

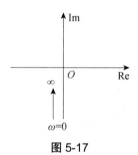

图 5-17

（3）惯性环节

$$G(s) = \frac{1}{Ts+1} \qquad G(\mathrm{j}\omega) = \frac{1}{Tj\omega+1}$$

$$A(\omega) = \frac{1}{\sqrt{1+T^2\omega^2}} \qquad \phi(\omega) = -\tan^{-1}T\omega$$

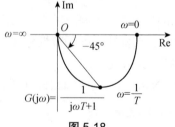

图 5-18

（4）微分环节

微分环节有三种：纯微分、一阶微分和二阶微分。其传递函数分别为

$$G(s) = s$$
$$G(s) = 1 + Ts$$
$$G(s) = T^2 s^2 + 2\zeta T s + 1$$

频率特性分别为

$$G(j\omega) = j\omega$$
$$G(j\omega) = 1 + jT\omega$$
$$G(j\omega) = 1 - T^2\omega^2 + j2\zeta\omega T$$

① 纯微分：

$$G(s) = s \qquad G(j\omega) = j\omega$$
$$|G(j\omega)| = \omega \qquad \phi(\omega) = 90°$$

纯微分环节奈奎斯特图如图 5-19 所示。

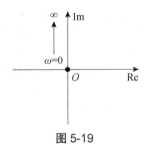

图 5-19

② 一阶微分：

$$A(\omega) = \sqrt{1 + T^2\omega^2}, \quad \phi(\omega) = \mathrm{tg}^{-1} T\omega$$
$$\omega = 0: A(\omega) = 1, \quad \phi(\omega) = 0°$$
$$\omega = \infty: A(\omega) = \infty, \quad \phi(\omega) = 90°$$

一阶微分环节奈奎斯特图如图 5-20 所示。

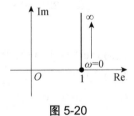

图 5-20

③ 二阶微分环节：

$$G(s) = T^2 s^2 + 2\zeta T s + 1$$

幅频和相频特性为

$$A(\omega) = \sqrt{(1 - T^2\omega^2)^2 + (2\zeta\omega T)^2}, \quad \phi(\omega) = \tan^{-1}\frac{2\zeta\omega T}{1 - T^2\omega^2}$$

二阶微分环节的奈奎斯特图如图 5-21 所示。

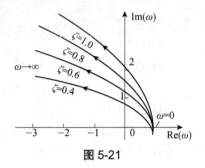

图 5-21

（5）振荡环节

$$G(s) = \frac{1}{T^2 s^2 + 2\zeta T s + 1} = \frac{\omega_n^2}{s^2 + 2\zeta \omega_n s + \omega_n^2}$$

讨论 $0 < \zeta < 1$ 时的情况，频率特性为

$$G(j\omega) = \frac{1}{(1 - T^2 \omega^2) + j2\zeta \omega T}$$

$$A(\omega) = \frac{1}{\sqrt{(1 - T^2 \omega^2)^2 + (2\zeta \omega T)^2}} \qquad \phi(\omega) = -\arctan \frac{2\zeta \omega T}{1 - T^2 \omega^2}$$

振荡环节的奈奎斯特图如图 5-22 所示。

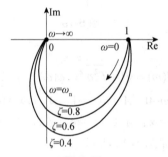

图 5-22

（6）延迟环节

$$G(s) = e^{-\tau s} \quad G(j\omega) = e^{-j\omega}$$

$$A(\omega) = 1$$

$$\phi(\omega) = -\omega\tau(\mathrm{rad})$$

$$= -57.3\omega\tau(\mathrm{deg})$$

延迟环节的奈奎斯特图如图 5-23 所示。

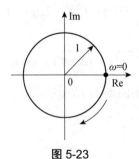

图 5-23

#### 3．综合应用——系统极坐标图的绘制

开环系统的频率特性或由典型环节的频率特性组合而成，或是一个有理分式，不论哪种形式，都可由下面的方法绘制其极坐标图。

将开环系统的频率特性写成 $p(\omega) + jQ(\omega)$ 或 $A(\omega)E^{j\phi(\omega)}$ 的形式，根据不同的 $\omega$ 算出 $P(\omega), Q(\omega)$ 或 $A(\omega), \varphi(\omega)$，可在复平面上得到不同的点并连之为曲线（手工画法）。

实际绘图时极坐标图画的都是近似曲线。具体来讲是根据幅频特性和相频特性确定起点（对应 $\omega=0$）和终点（对应 $\omega=\infty$）；根据实频特性和虚频特性确定与坐标轴的交点；然后按 $\omega$ 从小到大的顺序用光滑曲线连接即可。必要时可再求一些中间的点帮助绘图。

频率特性可表示为：

$$G(j\omega) = \frac{K}{(j\omega)^v} \cdot \frac{\prod\limits_{i=1}^{m}(1+\tau_i\omega j)}{\prod\limits_{i=1}^{m}(1+T_i\omega j)}$$

其相角为

$$\phi(\omega) = \sum_{i=1}^{m}\mathrm{tg}^{-1}\tau_i\omega - v\frac{\pi}{2} - \sum_{j=1}^{n-v}\mathrm{tg}^{-1}T_j\omega$$

当 $\omega=0$ 时，$\phi(0) = -v\dfrac{\pi}{2}$，$G(0) = \left.\dfrac{K}{(j\omega)^v}\right|_{\omega=0}$

当 $\omega=\infty$ 时，$\phi(\infty) = m\dfrac{\pi}{2} - v\dfrac{\pi}{2} - (n-v)\dfrac{\pi}{2} = -(n-m)\dfrac{\pi}{2}$，$G(j\omega)|_{\omega=\infty} = 0$（若 $n>m$）

显然，低频段的频率特性与系统类型有关，高频段的频率特性与 $n-m$ 有关。

图 5-24 和图 5-25 分别为 0 型、Ⅰ 型和Ⅱ型系统在低频和高频段频率特性示意图。

0 型：$\phi(0) = 0$，$|G(0)| = K$；

Ⅰ 型：$\phi(0) = -\dfrac{\pi}{2}$，$|G(0)| = \infty$；

Ⅱ 型：$\phi(0) = -\pi$，$|G(0)| = \infty$。

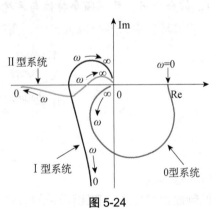

图 5-24

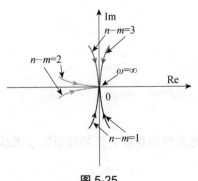

图 5-25

$n-m=1$ 时，$\phi(\infty) = -\dfrac{\pi}{2}$；

$n-m=2$ 时，$\phi(\infty) = -\pi$；

$n-m=3$ 时，$\phi(\infty) = -\dfrac{3\pi}{2}$。

## 5.4 最小相位系统的概念

**1. 领会——最小相位系统和非最小相位系统的定义**

开环传递函数中没有 $S$ 右半平面上的极点和零点的环节，称为最小相位环节；而开环传递函数中含有 $S$ 右半平面上的极点或零点的环节，则称为非最小相位环节。

最小相位环节对数幅频特性与对数相频特性之间存在着唯一的对应关系；而对非最小相位环节来说，就不存在这种关系。

**2. 领会——由最小相位系统的对数幅频特性图确定系统的传递函数**

（1）利用低频段渐近线的斜率确定系统积分环节或微分环节的个数。

斜率=$-20\nu$dB/dec→积分环节个数为 $\nu$；

斜率=$20\lambda$dB/dec→微分环节个数为 $\lambda$。

（2）利用转角频率和转角频率处渐近线斜率的变化量确定对应环节的传递函数。

斜率变化量=$-20\nu$dB/dec→惯性环节；

斜率变化量=$-40\nu$dB/dec→振荡环节；

斜率变化量=$20\nu$dB/dec→一阶微分环节；

斜率变化量=$40\nu$dB/dec→二阶微分环节。

利用转角频率处曲线修正量确定二阶环节阻尼。

（3）利用低频段渐近线的高度或其延长线与横坐标的交点坐标确定比例环节 $K$ 值大小。

## 5.5 开环频率特性与系统时域性能的关系

**1. 综合应用：开环频率特性与系统性能的关系**

常将开环频率特性分成低、中、高三个频段，如图 5-26 所示。

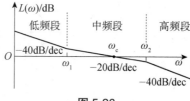

图 5-26

（1）低频段

低频段由积分环节和比例环节构成：

$$G(s) = \frac{K}{s^{\nu}}$$

$$G(\mathrm{j}\omega) = \frac{K}{(\mathrm{j}\omega)^{\nu}}$$

低频段开环增益 $K$ 越大，积分环节数越多，系统稳态性能越好。低频段反映了系统的稳态性能。

低频段的对数频率特性为

$$L(\omega) = 20\lg A(\omega) = 20\lg \frac{K}{\omega^{\upsilon}} = 20\lg K - \upsilon \cdot 20\lg \omega$$

对数幅频特性曲线如图 5-27 所示。

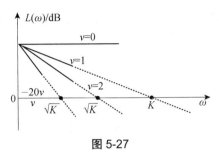

图 5-27

对数幅频特性曲线的位置越高，开环增益 $K$ 越大，斜率越负，积分环节数越多，系统稳态性能越好。

（2）中频段

穿越频率 $\omega_c$ 附近的区段为中频段，它反映了系统动态响应的平稳性和快速性。

① 穿越频率 $\omega_c$ 与动态性能的关系。

在一定条件下，$\omega_c$ 越大，$t_s$ 就越小，系统响应也越快。此时，穿越频率 $\omega_c$ 反映了系统响应的快速性。

② 中频段的斜率与动态性能的关系。

中频段斜率为-40dB/dec，所占频率区间不能过宽，否则系统平稳性难以满足要求。通常，取中频段斜率为-20dB/dec。

（3）高频段

高频段反映了系统对高频干扰信号的抑制能力。高频段的分贝值越低，系统的抗干扰能力越强。高频段对应系统的时间常数，对系统动态性能影响不大。

# 5.6 闭环频率特性与频域性能指标

### 1．综合应用——闭环频率特性的概念

闭环传递函数为

$$\varPhi(s) = \frac{G(s)}{1+G(s)}$$

闭环频率特性

$$\varPhi(\mathrm{j}\omega) = \frac{G(\mathrm{j}\omega)}{1+G(\mathrm{j}\omega)} = M(\omega)\mathrm{e}^{\mathrm{j}\alpha(\omega)}$$

### 2．综合应用——闭环频域性能指标及其计算方法

闭环幅频特性曲线如图 5-28 所示。

系统的闭环频率指标主要有：

① 零频幅值 $M_0$ 　 $\omega \to 0$ 时，闭环系统稳态输出的幅值与输入幅值之比，反映了系统的稳态精度。

② 谐振峰值 $M_r$  $M_r=A_{max}/A(0)$。

③ 谐振频率 $\omega_r$  幅频特性 $A(\omega)$ 出现最大值 $A_{max}$ 时的频率；谐振频率可以反映系统瞬态响应的速度，$\omega_r$ 越大，则系统响应越快。

④ 截止频率 $\omega_b$  幅频特性 $A(\omega)$ 的数值由 $M_0$ 下降到 $0.707 M_0$ 时的频率，或 $A(\omega)$ 的数值由 $A(0)$ 下降 3dB 时的频率；

⑤ 截止带宽（带宽）  $0\sim\omega_b$ 的范围。

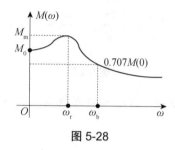

**图 5-28**

带宽表征系统允许工作的最高频率范围，也反映系统的快速性，带宽越大，响应快速性越好。

对于二阶振荡环节：

$$\omega_r = \omega_n \sqrt{1 - 2\xi^2}$$

$$M_r = \left| \frac{G(j\omega_r)}{A(0)} \right| = \frac{1}{2\xi\sqrt{1 - \xi^2}}$$

因此对于二阶系统，当 $0 \leqslant \zeta \leqslant 0.707$ 时，幅频特性的谐振峰值 $M_r$ 与系统的阻尼比 $\zeta$ 有着对应关系，因而 $M_r$ 反映了系统的平稳性；再由 $t_s=3/\zeta\omega_n$ 推知，$\omega_r$ 越大，则 $t_s$ 越小，所以 $\omega_r$ 反映了系统的快速性。

习题与解答

5-1  设单位反馈系统的开环传递函数为

$$G(s) = \frac{4}{s(s+3)}$$

当系统作用以下输入信号时，试求系统稳态输出。

（1）$x(t) = \sin(t + 30°)$

（2）$x(t) = 2\cos(4t - 45°)$

（3）$x(t) = \sin(4t + 30°) - 2\cos(t + 30°)$

解：开环传递函数为

$$G(s) = \frac{4}{s(s+3)}$$

求得闭环传递函数

$$\Phi(s) = \frac{4}{s(s+3)+4} = \frac{4}{s^2 + 3s + 4}$$

频率特性

$$\Phi(j\omega) = \frac{4}{(j\omega)^2 + 3j\omega + 4} = \frac{4}{4 - \omega^2 + j3\omega}$$

幅频特性

$$A(\omega) = \frac{4}{\sqrt{(4-\omega^2)^2 + (3\omega)^2}}$$

相频特性

$$\phi(\omega) = -\arctan\frac{3\omega}{4-\omega^2}$$

（1） $\omega = 1$，代入上式， $A(\omega) = \frac{4}{3\sqrt{2}} \approx 0.94$， $\phi(\omega) = -45°$。

因此系统的稳态输出为 $y(t) = 0.94\sin(t + 30° - 45°) = 0.94\sin(t - 15°)$。

（2） $\omega = 4$，代入上式， $A(\omega) = \frac{1}{3\sqrt{2}} \approx 0.24$， $\phi(\omega) = -135°$。

因此系统的稳态输出为 $y(t) = 2 \times 0.24\cos(4t - 45° - 135°) = 0.48\cos(4t - 180°)$。

（3）先考虑 $x1(t) = \sin(4t + 30°)$，求得

$$A(\omega) = \frac{1}{3\sqrt{2}} \approx 0.24, \quad \phi(\omega) = -135°,$$

$$y1(t) = 0.24\sin(4t + 30° - 135°) = 0.24\sin(4t - 105°)$$

再考虑 $x2(t) = 2\cos(t + 30°)$，求得

$$A(\omega) = \frac{4}{3\sqrt{2}} \approx 0.94, \quad \phi(\omega) = -45°$$

$$y1(t) = 2 \times 0.94\cos(t + 30° - 45°) = 1.88\cos(t - 15°)$$

因此总的输出为 $y(t) = 0.24\sin(4t - 105°) + 1.88\cos(t - 15°)$。

**5-2** 绘制下列各环节的伯德图。

（1） $G(j\omega) = 20, G(j\omega) = -0.5$

（2） $G(j\omega) = \frac{10}{j\omega}, G(j\omega) = (j\omega)^2$

（3） $G(j\omega) = \frac{10}{1 + j\omega}, G(j\omega) = 5(1 + 2j\omega)$

（4） $G(j\omega) = \frac{1 + 0.2j\omega}{1 + 0.05j\omega}, G(j\omega) = \frac{1 + 0.05j\omega}{1 + 0.2j\omega}$

（5） $G(j\omega) = \frac{20(1 + 2j\omega)}{j\omega(1 + j\omega)(10 + j\omega)}$

（6） $G(j\omega) = \frac{(1 + 0.2j\omega)(1 + 0.5j\omega)}{(1 + 0.05j\omega)(1 + 5j\omega)}$

（7） $G(j\omega) = K_p + K_d j\omega + \frac{K_i}{j\omega}$

（8） $G(j\omega) = \dfrac{10(0.5 + j\omega)}{(j\omega)^2(2 + j\omega)(10 + j\omega)}$

（9） $G(j\omega) = \dfrac{1}{1 + 0.1j\omega + 0.01(j\omega)^2}$

（10） $G(j\omega) = \dfrac{9}{j\omega(0.5 + j\omega)[1 + 0.6j\omega + (j\omega)^2]}$

解：（1） $G(j\omega) = 20$ ， $L(\omega) = 20\lg 20 \approx 26\text{dB}$ ， $\phi(\omega) = 0°$ ，伯德图如图 5-29 所示。

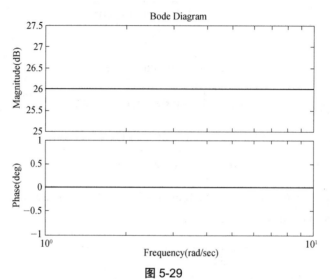

图 5-29

$G(j\omega) = -0.5$ ， $L(\omega) = 20\lg(-0.5) \approx -6\text{dB}$ ， $\varphi(\omega) = 180°$ ，伯德图如图 5-30 所示。

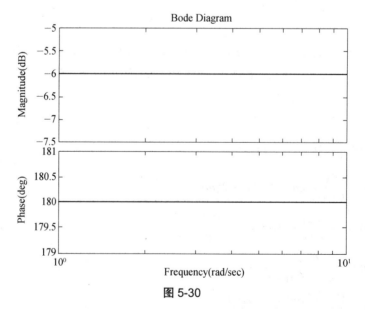

图 5-30

（2） $G(j\omega) = \dfrac{10}{j\omega}$ ， $L(\omega) = 20\lg \dfrac{10}{\omega} = -20\lg \omega$ ， $\phi(\omega) = -90°$ ，伯德图如图 5-31 所示。

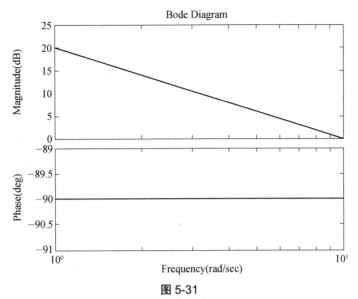

图 5-31

$G(\mathrm{j}\omega) = (\mathrm{j}\omega)^2$，$L(\omega) = 20\lg\omega^2 = 40\lg\omega$，$\phi(\omega) = 180°$，伯德图如图 5-32 所示。

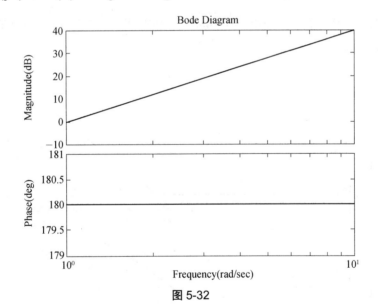

图 5-32

（3）$G(\mathrm{j}\omega) = \dfrac{10}{1+\mathrm{j}\omega}$，$L(\omega) = 20\lg\dfrac{10}{\sqrt{1+\omega^2}} = -20\lg\sqrt{1+\omega^2}$，$\phi(\omega) = 0 \sim -90°$，转折频率是 $\omega = 1$，伯德图如图 5-33 所示。

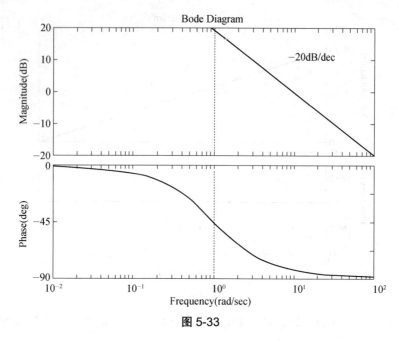

图 5-33

$G(\mathrm{j}\omega) = 5(1+\mathrm{j}\omega)$，$L(\omega) = 20\lg 5\sqrt{1+4\omega^2}$，$\phi(\omega) = 0 \sim -90°$，转折频率是 $\omega = 0.5$，伯德图如图 5-34 所示。

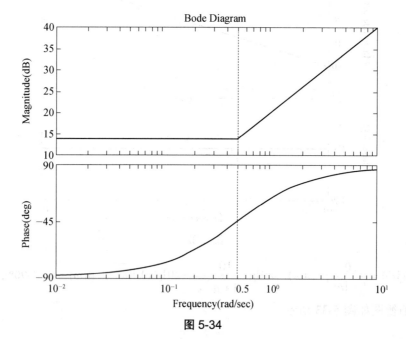

图 5-34

（4）$G(\mathrm{j}\omega) = \dfrac{1+0.2\mathrm{j}\omega}{1+0.05\mathrm{j}\omega}$，$L(\omega) = 20\lg \dfrac{\sqrt{1+(0.2\omega)^2}}{\sqrt{1+(0.05\omega)^2}}$，$\phi(\omega) = 0 \sim 40°$，转折频率是 $\omega_1 = 5$ 和 $\omega_2 = 20$，低频段高度为 0，斜率为 0，转折频率是 $\omega_1$ 后斜率为 +20dB/dec，转折频率是 $\omega_2$ 后斜率为 0。此时的伯德图如图 5-35 所示。

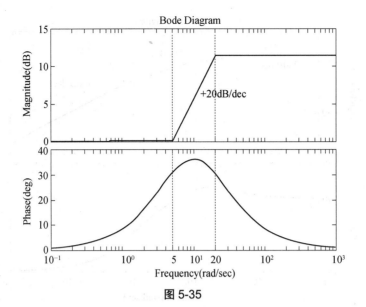

图 5-35

$$G(j\omega) = \frac{1 + 0.05j\omega}{1 + 0.2j\omega}$$ ， $$L(\omega) = 20\lg\frac{\sqrt{1 + (0.05\omega)^2}}{\sqrt{1 + (0.2\omega)^2}}$$ ， $\phi(\omega) = 0 \sim -40°$ ，转折频率是 $\omega_1 = 5$ 和

$\omega_2 = 20$ ，低频段高度为 0，斜率为 0，转折频率是 $\omega_1$ 后斜率为-20dB/dec，转折频率是 $\omega_2$ 后斜率为 0。此时的伯德图如图 5-36 所示。

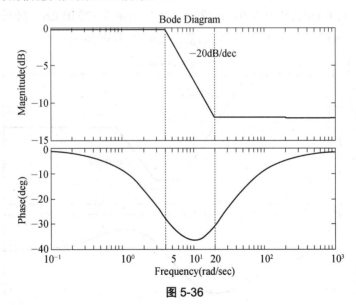

图 5-36

（5） $$G(j\omega) = \frac{20(1 + 2j\omega)}{j\omega(1 + j\omega)(10 + j\omega)} = \frac{2(1 + 2j\omega)}{j\omega(1 + j\omega)(1 + 0.1j\omega)}$$ ， $$L(\omega) = 20\lg\frac{2\sqrt{1 + 4\omega^2}}{\omega\sqrt{1 + \omega^2}\sqrt{1 + 0.01\omega^2}}$$ ，

转折频率 $\omega_1 = 0.5$ 、 $\omega_2 = 1$ 和 $\omega_3 = 10$ 。低频段，高度过（1，20lg2）点，斜率为-20dB/dec，转折频率 $\omega_1$ 后斜率为 0，转折频率 $\omega_2$ 后斜率为-20dB/dec，转折频率 $\omega_3$ 后斜率为-40dB/dec，相频特性 $\phi(\omega) = -180° \sim -45°$ 。此时的伯德图如图 5-37 所示。

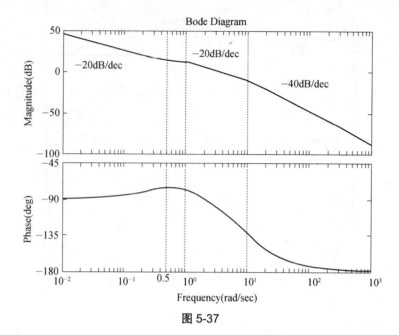

图 5-37

（6） $G(\mathrm{j}\omega) = K_\mathrm{p} + K_\mathrm{d}\mathrm{j}\omega + \dfrac{K_\mathrm{i}}{\mathrm{j}\omega}$ ， $L(\omega) = 20\lg\dfrac{\sqrt{1+0.04\omega^2}\sqrt{1+0.25\omega^2}}{\sqrt{1+0.025\omega^2}\sqrt{1+25\omega^2}}$ ，转折频率为

$\omega_1 = 0.2$、 $\omega_2 = 2$、 $\omega_3 = 5$ 和 $\omega_4 = 20$。低频段高度为 0dB，斜率为 0，转折频率 $\omega_1$ 后斜率为 $-20$dB/dec，转折频率 $\omega_2$ 后斜率为 0，转折频率 $\omega_3$ 后斜率为 $+20$dB/dec，转折频率 $\omega_4$ 后斜率为 0，相频特性 $\varphi(\omega) = -90° \sim 45°$。此时的伯德图如图 5-38 所示。

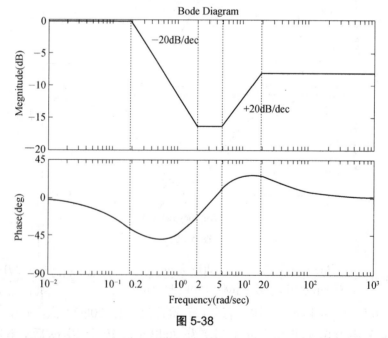

图 5-38

（7） $G(\mathrm{j}\omega) = K_\mathrm{p} + K_\mathrm{d}\mathrm{j}\omega + \dfrac{K_\mathrm{i}}{\mathrm{j}\omega}$ ，取合适的参数，如 $K_\mathrm{p} = 1.1$， $K_\mathrm{i} = 1$， $K_\mathrm{d} = 0.1$，有

$$G(\mathrm{j}\omega) = K_{\mathrm{p}} + K_{\mathrm{d}}\mathrm{j}\omega + \frac{K_{\mathrm{i}}}{\mathrm{j}\omega} = 1.1 + 0.1\mathrm{j}\omega + \frac{1}{\mathrm{j}\omega} = \frac{0.1(\mathrm{j}\omega)^2 + 1.1\mathrm{j}\omega + 1}{\mathrm{j}\omega} = \frac{(0.1\mathrm{j}\omega + 1)(\mathrm{j}\omega + 1)}{\mathrm{j}\omega}$$

转折频率为 $\omega_1 = 1$ 和 $\omega_2 = 10$。低频段高度过点（1，0），斜率为-20dB/dec，转折频率 $\omega_1$ 后斜率为 0，转折频率 $\omega_2$ 后斜率为+20dB/dec，相频特性 $\varphi(\omega) = -90° \sim +90°$。此时的伯德图如图 5-39 所示。

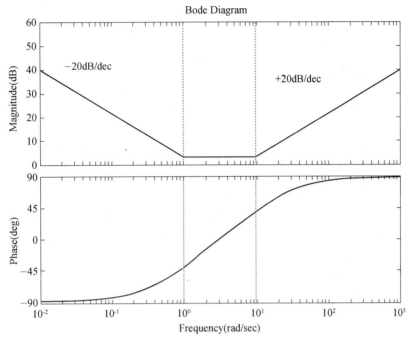

图 5-39

（8） $G(\mathrm{j}\omega) = \dfrac{10(0.5 + \mathrm{j}\omega)}{(\mathrm{j}\omega)^2(2 + \mathrm{j}\omega)(10 + \mathrm{j}\omega)} = \dfrac{0.25(1 + 2\mathrm{j}\omega)}{(\mathrm{j}\omega)^2(1 + 0.5\mathrm{j}\omega)(1 + 0.1\mathrm{j}\omega)}$

$$L(\omega) = 20\lg \frac{0.25\sqrt{1 + 4\omega^2}}{\omega^2\sqrt{1 + 0.25\omega^2}\sqrt{1 + 0.01\omega^2}}$$

转折频率为 $\omega_1 = 0.5$、$\omega_2 = 2$ 和 $\omega_3 = 10$。低频段高度过点（1，20lg0.25），斜率为 -40dB/dec，转折频率 $\omega_1$ 后斜率为-20dB/dec，转折频率 $\omega_2$ 后斜率为-40dB/dec，转折频率 $\omega_2$ 后斜率为-60dB/dec，相频特性 $\varphi(\omega) = -270° \sim -135°$。此时的伯德图如图 5-40 所示。

（9） $G(\mathrm{j}\omega) = \dfrac{1}{1 + 0.1\mathrm{j}\omega + 0.01(\mathrm{j}\omega)^2}$，二阶系统，转折频率为 $\omega_{\mathrm{n}} = 10$，$\omega_{\mathrm{n}}$ 之前高度为 0，斜率为 0，$\omega_{\mathrm{n}}$ 之后斜率为-40dB/dec，相频特性为 0～-180°。此时的伯德图如图 5-41 所示。

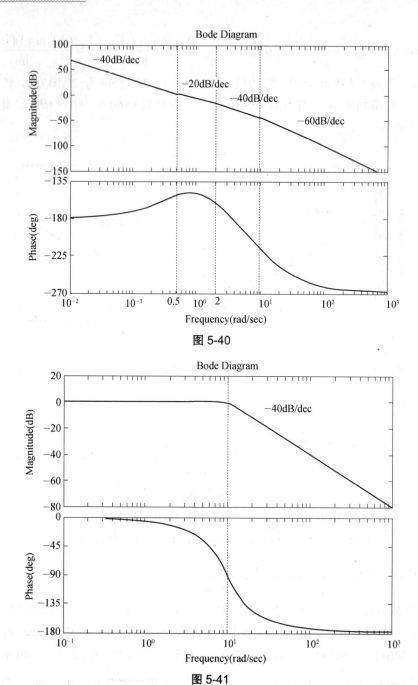

图 5-40

图 5-41

（10） $G(j\omega) = \dfrac{9}{j\omega(0.5 + j\omega)[1 + 0.6j\omega + (j\omega)^2]}$

惯性环节的转折频率 $\omega_1 = 0.5$，二阶振荡环节的转折频率为 $\omega_n = 1$，低频段高度过点（1，20lg18），斜率为-20dB/dec，$\omega_1$ 之后斜率为-40dB/dec，$\omega_n$ 之后斜率为-80dB/dec，相频特性为-90～-360°。此时的伯德图如图 5-42 所示。

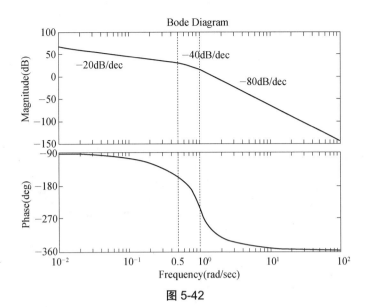

图 5-42

5-3 绘制下列各环节的奈奎斯特图。

（1） $G(j\omega) = \dfrac{1}{1+0.01j\omega}$

（2） $G(j\omega) = \dfrac{1}{j\omega(1+0.1j\omega)}$

（3） $G(j\omega) = \dfrac{1}{1+0.1j\omega+0.01(j\omega)^2}$

（4） $G(j\omega) = \dfrac{1+0.2j\omega}{1+0.05j\omega}$

（5） $G(j\omega) = \dfrac{5}{j\omega(1+0.5j\omega)(1+0.1j\omega)}$

（6） $G(j\omega) = \dfrac{kj\omega}{1+Tj\omega}$

（7） $G(j\omega) = \dfrac{5}{(j\omega)^2}$

（8） $G(j\omega) = \dfrac{50(1+0.6j\omega)}{(j\omega)^2(1+4j\omega)}$

（9） $G(j\omega) = \dfrac{10(0.5+j\omega)}{(j\omega)^2(2+j\omega)(10+j\omega)}$

（10） $G(j\omega) = \dfrac{(1+0.2j\omega)(1+0.5j\omega)}{(1+0.05j\omega)(1+5j\omega)}$

解：（1） $G(j\omega) = \dfrac{1}{1+0.01j\omega}$ 惯性环节奈奎斯特图是以（0.5，j0）为圆心，以 0.5 为半径的下半圆，如图 5-43 所示。

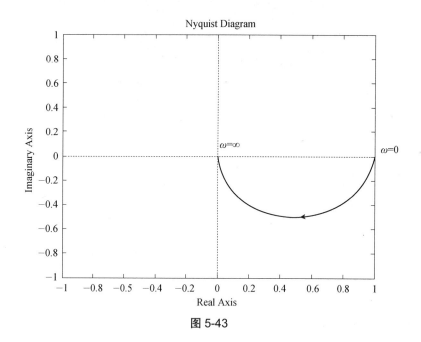

图 5-43

（2） $G(\mathrm{j}\omega) = \dfrac{1}{\mathrm{j}\omega(1+0.1\mathrm{j}\omega)}$ 含有一个积分环节，因此 $\omega = 0$ 时，$A(\omega) = \infty$，$\phi(\omega) = -90°$，

$n-m=2$，$\omega$ 趋向于 $\infty$ 时，$A(\omega) = 0$，$\phi(\omega) = -180°$。该环节的奈奎斯特图如图 5-44 所示。

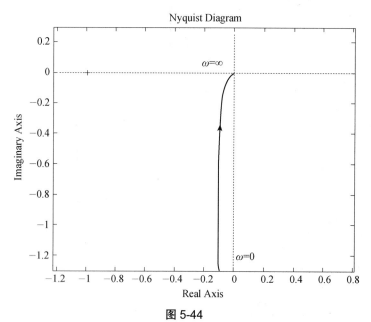

图 5-44

（3） $G(\mathrm{j}\omega) = \dfrac{1}{1+0.1\mathrm{j}\omega+0.01(\mathrm{j}\omega)^{2}}$ 为二阶振荡环节，$\omega = 0$ 时，$A(\omega) = \infty$，$\phi(\omega) = -90°$，

$n-m=2$，$\omega$ 趋向于 $\infty$ 时，$A(\omega) = 0$，$\phi(\omega) = -180°$。该环节的奈奎斯特图如图 5-45 所示。

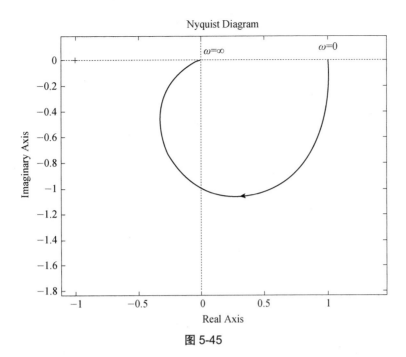

图 5-45

（4）$G(\mathrm{j}\omega) = \dfrac{1+0.2\mathrm{j}\omega}{1+0.05\mathrm{j}\omega}$，$\omega = 0$ 时，$A(\omega)=1$，$\phi(\omega)=0°$，$\omega > 0$ 时，$A(\omega) > 1$，$\phi(\omega) > 0°$。$n-m=0$，$\omega$ 趋向于 $\infty$ 时，$A(\omega) > 1$，$\phi(\omega)=0°$。该环节的奈奎斯特图如图 5-46 所示。

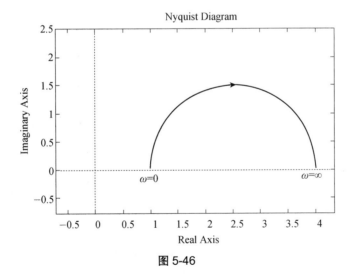

图 5-46

（5）$G(\mathrm{j}\omega) = \dfrac{5}{\mathrm{j}\omega(1+0.5\mathrm{j}\omega)(1+0.1\mathrm{j}\omega)}$ 含有一个积分环节，因此 $\omega = 0$ 时，$A(\omega)=\infty$，$\phi(\omega)=-90°$。$n-m=3$，$\omega$ 趋向于 $\infty$ 时，$A(\omega)=0$，$\phi(\omega)=-270°$。该环节的奈奎斯特图如图 5-47 所示。

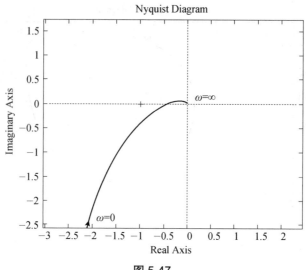

图 5-47

（6） $G(\mathrm{j}\omega) = \dfrac{k\mathrm{j}\omega}{1+T\mathrm{j}\omega}$ ，取 $K{=}2$ ， $T=1$ ，含有微分环节和惯性环节。

$\omega = 0$ 时， $A(\omega) = 0$ ， $\phi(\omega) = 90°$ ， $\omega > 0$ 时， $A(\omega)$ 越来越大， $\phi(\omega)$ 越来越小，最终 $\omega$ 趋向于 $\infty$ 时， $A(\omega) = 2$ ， $\phi(\omega) = 0°$ 。该环节的奈奎斯特图如图 5-48 所示。

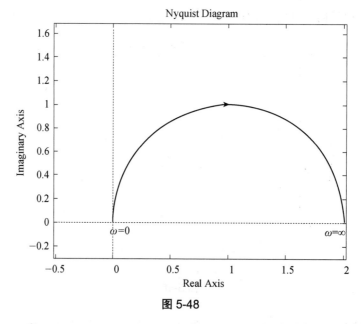

图 5-48

（7） $G(\mathrm{j}\omega) = \dfrac{5}{(\mathrm{j}\omega)^2}$ 含有两个积分环节、 $\phi(\omega) = -180°$ ， $\omega = 0$ 时， $A(\omega) = \infty$ ， $n - m = 2$ ， $\omega$ 趋向于 $\infty$ 时， $A(\omega) = 0$ 。该环节的奈奎斯特图如图 5-49 所示。

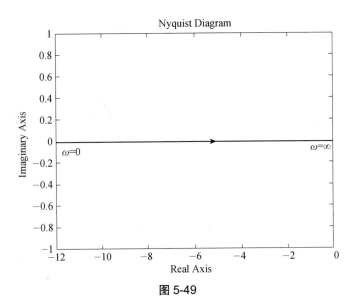

图 5-49

（8）$G(\mathrm{j}\omega)=\dfrac{50(1+0.6\mathrm{j}\omega)}{(\mathrm{j}\omega)^2(1+4\mathrm{j}\omega)}$ 含有两个积分环节、一个惯性环节和一个一阶微分环节，

因此 $\omega=0$ 时，$A(\omega)=\infty$，$\phi(\omega)=-180°$，$n-m=2$，$\omega$ 趋向于 $\infty$ 时，$A(\omega)=0$，$\phi(\omega)=-180°$。

该环节的奈奎斯特图如图 5-50 所示。

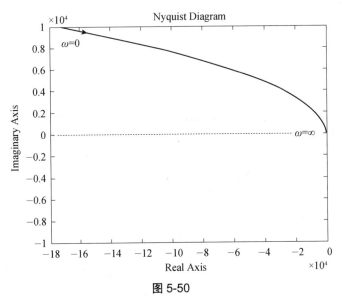

图 5-50

（9）$G(\mathrm{j}\omega)=\dfrac{10(0.5+\mathrm{j}\omega)}{(\mathrm{j}\omega)^2(2+\mathrm{j}\omega)(10+\mathrm{j}\omega)}$ 含有两个积分环节、两个惯性环节和一个一阶微分

环节，因此 $\omega=0$ 时，$A(\omega)=\infty$，$\phi(\omega)=-180°$，$n-m=3$，$\omega$ 趋向于 $\infty$ 时，$A(\omega)=0$

$\phi(\omega)=-270°$。该环节的奈奎斯特图如图 5-51 所示。

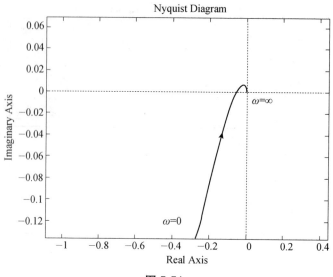

图 5-51

（10）$G(\mathrm{j}\omega)=\dfrac{(1+0.2\mathrm{j}\omega)(1+0.5\mathrm{j}\omega)}{(1+0.05\mathrm{j}\omega)(1+5\mathrm{j}\omega)}$ 含有两个惯性环节和两个一阶微分环节，因此 $\omega=0$ 时，$A(\omega)\approx1$，$\phi(\omega)=0°$。$\phi(\omega)$ 的变化是：$\phi(\omega)<0°$ 或 $\phi(\omega)>0°$，$\omega$ 趋向于 $\infty$ 时；$A(\omega)\approx0.4$，$\phi(\omega)=0°$。该环节的奈奎斯特图如图 5-52 所示。

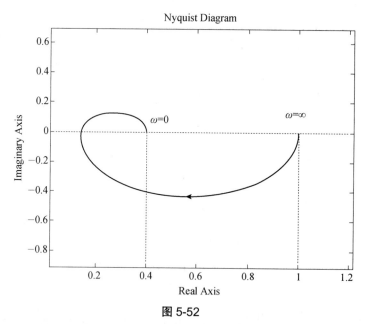

图 5-52

5-4　设系统的传递函数分别为

（1）$G(s)=\dfrac{4(2s+1)}{s(10s+1)(4s+1)}$

（2）$G(s)=\dfrac{2(0.2s+1)(0.3s+1)}{s^2(0.1s+1)(s+1)}$

（3） $G(s) = \dfrac{3e^{-s}}{s(s+1)(s+2)}$

试分别确定当 $\phi(\omega) = -180°$ 时的幅值比。

解：（1） $G(j\omega) = \dfrac{4(2j\omega+1)}{s(10j\omega+1)(4j\omega+1)}$

$\phi(\omega) = -90° + \arctan 2\omega - \arctan 10\omega - \arctan 4\omega = -180°$

求出 $\omega^2 = \dfrac{1}{12}$ ，代入幅频特性，求出 $|G(j\omega)| = 24/7$ 。

（2） $G(s) = \dfrac{2(0.2s+1)(0.3s+1)}{s^2(0.1s+1)(s+1)}$ ， $G(j\omega) = \dfrac{2(0.2j\omega+1)(0.3j\omega+1)}{(j\omega)^2(0.1j\omega+1)(j\omega+1)}$

$\phi(\omega) = -180° + \arctan 0.2\omega + \arctan 0.3\omega - \arctan 0.1\omega - \arctan \omega = -180°$

求出 $\omega^2 = \dfrac{75}{2}$ ，代入幅频特性，求出 $|G(j\omega)| = 4/165$ 。

（3） $G(s) = \dfrac{3e^{-s}}{s(s+1)(s+2)}$ ， $G(j\omega) = \dfrac{3e^{-j\omega}}{j\omega(j\omega+1)(j\omega+2)}$

$\phi(\omega) = -90° - \omega - \arctan \omega - \arctan \dfrac{\omega}{2} = -180°$

求出 $\omega = 0.665$ ，代入幅频特性，求出 $|G(j\omega)| = 1.79$ 。

5-5 试绘制下列系统的奈奎斯特图（式中）均大于零，并说明其轨迹为圆。

（1） $G(s) = \dfrac{Ks}{Ts+1}$

（2） $G(s) = \dfrac{T_2 s+1}{T_1 s+1}$

解：（1）可任意取大于零的参数，如取 $K=1$ ， $T=1$ ，则有

奈奎斯特图： $\omega = 0$ ， $A(\omega) = 0$ ， $\phi(\omega) = 90°$ 。

$\omega$ 趋向于 $\infty$ 时， $A(\omega) = 1$ ， $\phi(\omega) = 0°$ 。

在图中取特殊点， $\omega = \pm 1$ 时， $\phi(\omega) = \pm 45°$ ， $A(\omega) = \dfrac{\sqrt{2}}{2}$ ，可证明此奈奎斯特图是以（0.5，j0）为圆心，以 0.5 为半径的圆，如图 5-53 所示。

（2）可任意取大于零的参数，如取 $T_1 = 2$ ， $T_2 = 1$ ，则有

奈奎斯特图： $\omega = 0$ 时， $A(\omega) = 1$ ， $\phi(\omega) = 0°$ 。

$\omega > 0$ 时， $A(\omega)$ 越来越小， $\phi(\omega) < 0°$ 。

$\omega$ 趋向 $\infty$ ， $A(\omega) = 0.5$ ， $\phi(\omega) = 0°$ 。

从图中可证明此奈奎斯特图以（0.75，j0）为圆心，以 0.25 为半径的半圆，如图 5-54 所示。

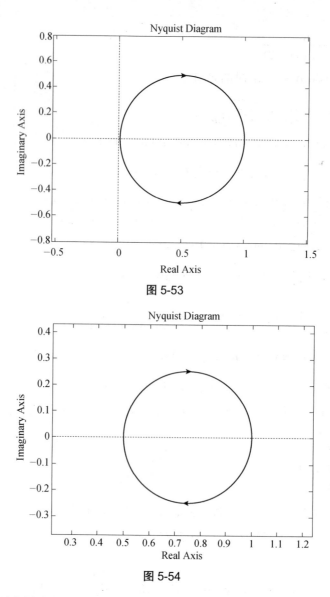

图 5-53

图 5-54

**5-6** 绘制下列非最小相位系统的伯德图及奈奎斯特图。

（1） $G(s) = \dfrac{2}{0.5s - 1}$

（2） $G(s) = \dfrac{2s}{1 - 0.5s}$

（3） $G(s) = \dfrac{4(2s + 1)}{s(s - 1)}$

（4） $G(s) = \dfrac{4(2s - 1)}{s(10s + 1)(4s + 1)}$

解：（1） $G(s) = \dfrac{2}{0.5s - 1}$ ， $\omega = 0$ 时， $A(\omega) = -2$ ， $\phi(\omega) = -180°$ ； $\omega$ 趋向于 $\infty$ 时， $A(\omega) = 0$ ， $\phi(\omega) = -90°$ 。

奈奎斯特图如图 5-55 所示。

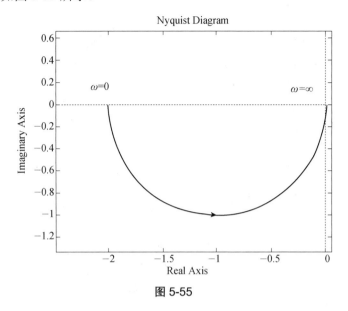

Nyquist Diagram

图 5-55

伯德图（见图 5-56）：低频段斜率为零，高度是 20lg2，转折频率 2 之后斜率为-20dB/dec。

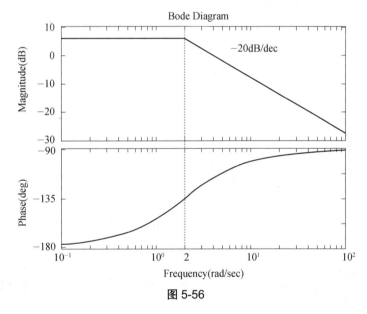

Bode Diagram

图 5-56

（2）$G(s) = \dfrac{2s}{1-0.5s}$，$\omega = 0$ 时，$A(\omega) = 0$，$\phi(\omega) = 90°$；$\omega$ 趋向于∞时，$A(\omega) = -4$，$\phi(\omega) = 180°$。

奈奎斯特图如图 5-57 所示。

伯德图（见图 5-58）：低频段斜率为+20dB/dec，高度过点（1，20lg2），转折频率 2 之后斜率为 0。

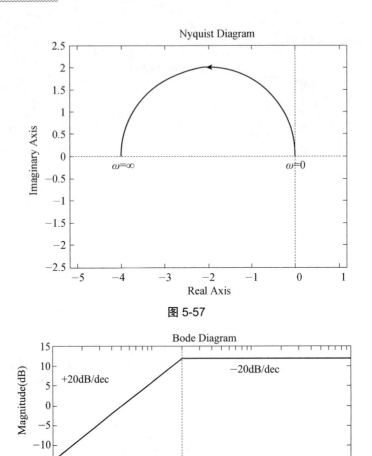

图 5-57

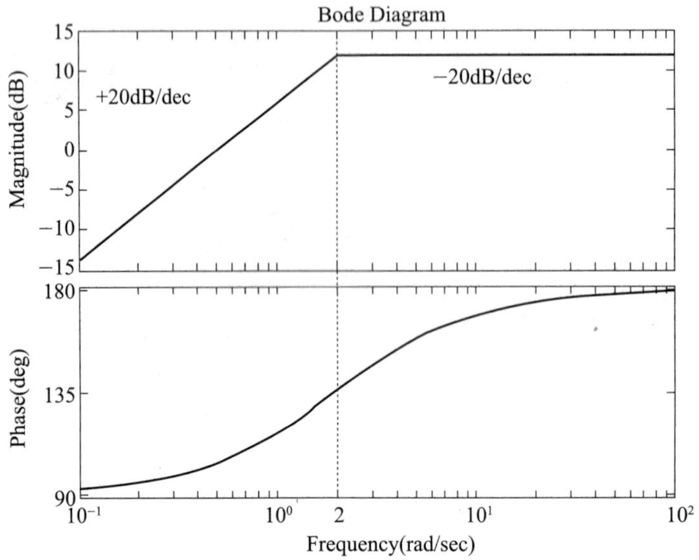

图 5-58

（3）$G(s) = \dfrac{4(2s+1)}{s(s-1)}$，$\omega = 0$ 时，$A(\omega) = \infty$，$\phi(\omega) = -270°$；$\omega$ 趋向于 $\infty$ 时，$A(\omega) = 0$，$\phi(\omega) = -90°$。

奈奎斯特图如图 5-59 所示。

伯德图（见图 5-60）：低频段斜率-20dB/dec，高度过点（1，20lg4），转折频率 0.5 之后斜率为 0，转折频率 1 之后斜率为-20dB/dec。

（4）$\omega = 0$ 时，$A(\omega) = \infty$，$\phi(\omega) = 90°$；$\omega$ 趋向于 $\infty$ 时，$A(\omega) = 0$，$\phi(\omega) = -180°$。

奈奎斯特图如图 5-61 所示。

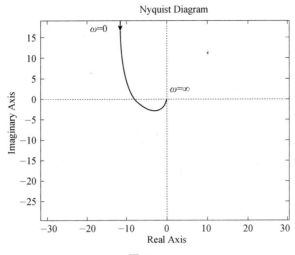

图 5-59

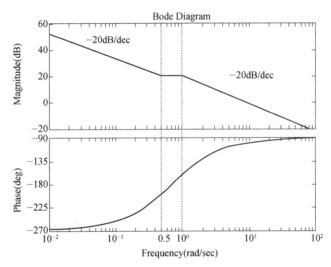

图 5-60

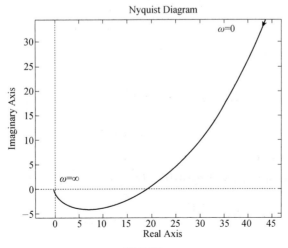

图 5-61

伯德图（见图 5-62）：低频段斜率-20dB/dec，高度过点（1，20lg4），转折频率 0.1 之后斜率为-40dB/dec，转折频率 0.25 之后斜率为-60dB/dec，转折频率 0.5 之后斜率为-40dB/dec。

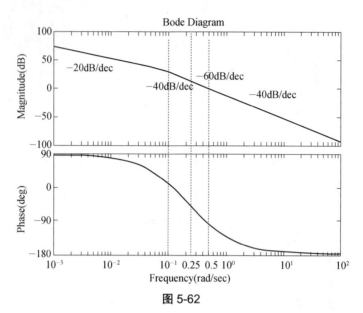

图 5-62

5-7 为使图 5-63 所示系统的截止频率 $\omega_b = 100\,\text{rad/s}$，$T$ 值应为多少？

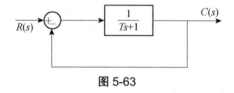

图 5-63

解：图中所示为一阶系统，系统的闭环传递函数为

$$\Phi(s) = \frac{1}{Ts+2} = \frac{\dfrac{1}{2}}{\dfrac{T}{2}s+1}$$

因此系统的转折频率为 2/$T$。一阶系统的截止频率等于转折频率，所以 2/$T$=100，求得 $T$=0.02。

5-8 设单位反馈系统的开环传递函数为

$$G(s) = \frac{1}{(0.2s+1)(0.02s+1)}$$

求闭环系统的 $M_r$，$\omega_r$，$\omega_b$。

解：该系统为二阶系统，闭环传递函数为

$$\Phi(s) = \frac{2500}{s^2 + 55s + 2750}$$

阻尼比 $\xi \approx 0.52$。

根据公式有
$$M_r = \frac{1}{2\xi\sqrt{1-\xi^2}} = 1.12$$

$$\omega_r = \omega_n\sqrt{1-\xi^2} = 35.2(\text{rad/s})$$

$$\omega_b = \omega_n\sqrt{1-2\xi^2+\sqrt{2-4\xi^2+4\xi^4}} = 65.2(\text{rad/s}) = 65.2（\text{rad/s}）$$

5-9　有下列最小相位系统，通过实验求得各系统的对数幅频特性如图 5-64 所示，试估计它们的传递函数。

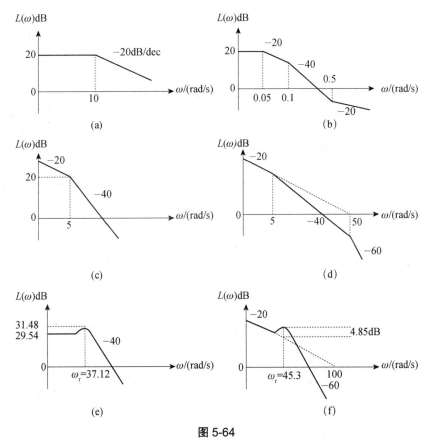

**图 5-64**

解：（a）低频段斜率为 0，说明没有积分环节，高度 20lg$K$=20，求得 $K$=10。转折频率 10 处，斜率减 20，说明对应惯性环节，因此传递函数为
$$G(s) = \frac{10}{0.1s+1}$$

（b）低频段斜率为 0，说明没有积分环节，高度 20lg$K$=20，求得 $K$=10。转折频率 0.05 处斜率减 20，说明对应惯性环节；转折频率 0.1 处斜率减 20，说明对应惯性环节；转折频率 0.5 处斜率加 20，说明对应一阶微分环节。因此传递函数为
$$G(s) = \frac{10(2s+1)}{(20s+1)(10s+1)}$$

（c）低频段斜率为-20，说明含有一个积分环节；转折频率 5 处斜率减 20，说明对应

惯性环节，传递函数为 $G(s) = \dfrac{K}{s(0.2s+1)}$。根据 $\omega=5$ 时，$L(\omega)=20$，计算得 $K=50$，因此传递函数为

$$G(s) = \frac{50}{s(0.2s+1)}$$

（d）低频段斜率为-20，说明含有一个积分环节；转折频率 5 处斜率减 20，说明对应惯性环节；转折频率 50 处斜率又减 20，说明对应惯性环节。传递函数为

$$G(s) = \frac{K}{s(0.2s+1)(0.02s+1)}$$

低频段延长线与横轴的交点是 50，则 $K=50$，因此传递函数为

$$G(s) = \frac{50}{s(0.2s+1)(0.02s+1)}$$

（e）系统不含积分环节，含有一个二阶振荡环节。转折频率 $\omega_n$ 为 37.12，谐振峰值为 $20\lg M_r = 31.48-29.54=1.94\text{dB}$，求得 $M_r=1.25=\dfrac{1}{2\xi\sqrt{1-\xi^2}}$，求得 $\xi=0.8944$ 和 $\xi=0.4472$，考虑取得谐振峰值的条件 $0 \leqslant \xi \leqslant 0.707$，所以取 $\xi=0.4472$。另外，低频段高度 $20\lg K=29.54$，求得 $K=30$。因此传递函数为

$$G(s) = \frac{30 \times 37.12^2}{s^2 + 2 \times 0.4472 \times 37.12s + 37.12^2} = \frac{41336.83}{s^2 + 33.2s + 1377.89}$$

（f）低频段斜率为-20，说明含有一个积分环节，另外含有一个二阶振荡环节。转折频率 $\omega_n$ 为 45.3，谐振峰值为 $20\lg M_r =4.85\text{dB}$，求得 $M_r=1.75=\dfrac{1}{2\xi\sqrt{1-\xi^2}}$，求得 $\xi=0.9541$ 和 $\xi=0.2995$，考虑取得谐振峰值的条件 $0 \leqslant \xi \leqslant 0.707$，所以取 $\xi=0.2995$。另外，低频段延长线与横轴交点是 100，求得 $K=100$。因此传递函数为

$$G(s) = \frac{100 \times 45.3^2}{s(s^2 + 2 \times 0.2995 \times 45.3s + 45.3^2)} = \frac{205209}{s(s^2 + 27.17s + 2052.09)}$$

# 第 6 章　系统稳定性

考纲内容

## 学习目的与要求

通过本章的学习，明确稳定性的概念，掌握判别系统稳定性的基本准则，掌握劳斯-胡尔维茨稳定性判据和奈奎斯特稳定性判据以及系统相对稳定性的概念。

## 考核知识点与考核要求

稳定性 ┬ 稳定性的概念　识记
　　　　├ 判别系统稳定性的基本准则　识记
　　　　├ 判别系统稳定性的方法：直接方法（求闭环特征根）
　　　　│ 与间接方法（劳斯-胡尔维茨稳定性判据、奈奎斯特稳
　　　　└ 定性判据）　识记

劳斯-胡尔维斯稳定性判据 ┬ 劳斯稳定性判据的表达及判断系统稳定的方法　简单应用
　　　　　　　├ 劳斯数列中出现零或某一行全为零时等特殊情况的处理方法
　　　　　　　│ 简单应用
　　　　　　　└ 胡尔维茨稳定性判据及其判断方法和步骤　简单应用

系统的稳定性

奈奎斯特稳定性判据 ┬ 闭环特征方程与特征函数的关系　简单应用
　　　　　├ 闭环特征函数零点数与极点数的关系　简单应用
　　　　　├ 闭环特征函数零点数与极点数的关系　简单应用
　　　　　├ 能看懂幅角原理的推导，但不要求掌握其推导过程　简单应用
　　　　　├ 奈奎斯特稳定性判据的表达及其参数 $z$、$p$、$N$ 的意义　简单应用
　　　　　├ 掌握用奈奎斯特稳定性判据判断各类型系统的稳定性方法和
　　　　　│ 步骤　简单应用
　　　　　├ 对具有延时环节的系统判稳方法及计算，延时环节对系统
　　　　　│ 稳定性的影响　简单应用
　　　　　├ 系统参数对系统稳定性的影响　简单应用
　　　　　├ 各种判据在系统处于临界稳定情况时的表现特征　简单应用
　　　　　└ 系统参数对系统稳定性的影响程度及如何改善性能　简单应用

系统的相对稳定性 ┬ 系统相对稳定性的基本概念及其衡量指标　综合应用
　　　　　├ 相位裕量和幅值裕量在极坐标图和伯德图上的表示及计算方法
　　　　　│ 综合应用
　　　　　├ 用相位裕量和幅值裕量来衡量系统稳定性时应注意的几个问题
　　　　　│ 综合应用
　　　　　├ 条件稳定系统的基本概念　综合应用
　　　　　└ 进行系统设计时应避免出现条件稳定　综合应用

## 重点与难点

本章重点：系统稳定性的基本概念，利用劳斯稳定性判据判断稳定性的方法，利用奈奎斯特稳定性判据判断稳定性的方法，相位裕量和幅值裕量的概念、计算方法和其在伯德图和奈奎斯特图上的表示。

本章难点：绘制 $\omega$ 取值范围为 $[-\infty, \infty]$ 时的奈奎斯特图。

# 6.1 稳定性

### 1．系统稳定性的概念

系统在受到外界干扰作用时，其被控制量 $y_c(t)$ 将偏离平衡位置，当这个干扰作用去除后，若系统在足够长的时间内能够恢复到其原来的平衡状态或者趋于一个给定的新的平衡状态，则该系统是稳定的；反之，若系统对干扰的瞬态响应随时间的推移而不断扩大或发生持续振荡，也就是一般所谓的"自激振动"，则系统是不稳定的。

只有稳定的系统才能正常地工作。线性系统是否稳定，是系统本身的一个特性，取决于系统本身的结构和参数，而与系统的输入量或干扰无关。

### 2．判别系统稳定性的基本准则

判别系统稳定性的问题可归结为对系统特征方程的根的判别，即一个系统稳定的必要和充分条件是其特征方程的所有的根都必须为负实数或为具有负实部的复数。也就是稳定系统的全部特征根 $s_i$ 均应在复平面的左半平面；反之，若有特征根 $s_i$ 落在包括虚轴在内的右半平面，则可判定该系统是不稳定的。如果在虚轴上，则系统产生持续振荡，其频率 $\omega = \omega_i$；如果落在右半平面，则系统产生扩散振荡，这就是判别系统是否稳定的基本出发点。

应该指出，上述不稳定区虽然包括虚轴 $j\omega$，但对于虚轴上的坐标原点，应该具体分析。当有一个特征根在坐标原点时，$y_c(t)|_{t\to\infty} \to \infty$，系统达到新的平衡状态，仍属稳定。当有两个及两个以上特征根在坐标原点时，$y_c(t)|_{t\to\infty} \to \infty$，其瞬态响应发散，系统不稳定。

### 3．判别系统稳定性的方法

对于图 6-1 所示的具有反馈环节的典型闭环控制系统，其输出输入的总传递函数即闭环传递函数为

$$F(s) = \frac{C(s)}{R(s)} = \frac{C(s)}{1+G(s)H(s)}$$

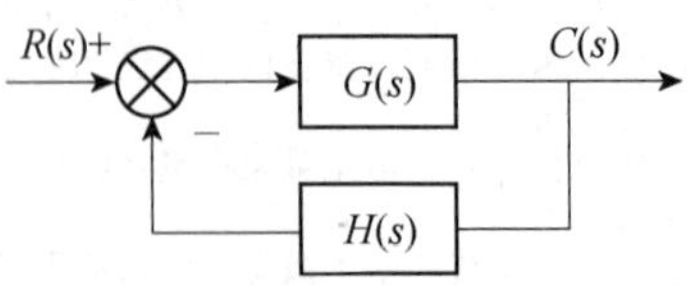

图 6-1

令该传递函数的分母等于零就得到该系统的特征方程，即

$$1 + G(s)H(s) = 0$$

为了判别系统是否稳定，必须确定上式的根是否全在复平面 $s$ 的左半平面。为此，可有两种途径：一种是直接求出所有的特征根；另一种是仅确定能保证所有的根均在 $s$ 左半平面的系统参数的范围而并不求出根的具体值。直接计算方程式的根的方法在方程阶数较高时过于繁杂，除简单的特征方程外，一般很少采用。对于第二种途径，工程实际中常采用的方法有劳斯-胡尔维茨判据和奈奎斯特判据等。

## 6.2　劳斯-胡尔维斯稳定性判据

### 1. 劳斯稳定性判据及判断系统稳定方法

劳斯稳定性判据可陈述如下：系统稳定的必要且充分的条件是其特征方程的全部系数符号相同，并且劳斯数列的第一列的所有各项全部为正，否则，系统不稳定。如果劳斯数列的第一列中发生符号变化，则其符号变化的次数就是其不稳定根的数目。

劳斯判据的计算方法如下。

（1）排列劳斯表

设系统的特征方程式为

$$a_n s^n + a_{n-1} s^{n-1} + a_{n-2} s^{n-2} + \cdots + a_1 s + a_0 = 0$$

式中，系数 $a_i$（$i=0$，1，2，$\cdots$，$n$）为实数，并且 $a_n \neq 0$。

将上式各项系数排成如下数列：

$$
\begin{array}{c|cccc}
s^n & a_n & a_{n-2} & a_{n-4} & a_{n-6} & \cdots \\
s^{n-1} & a_{n-1} & a_{n-3} & a_{n-5} & \cdots \\
s^{n-2} & c_1 & c_2 & c_3 \\
s^{n-3} & d_1 & d_2 & d_3 \\
\vdots & \vdots \\
s^1 & g_1 \\
s & h_1
\end{array}
$$

其中，第一行为原系数的奇数项，第二行为原系数的偶数项。从第三行开始，每一行都是由该行的上两行计算得到。第三行 $c_i$ 计算公式如下：

$$c_1 = \frac{a_{n-1}a_{n-2} - a_n a_{n-3}}{a_{n-1}}$$

$$c_2 = \frac{a_{n-1}a_{n-4} - a_n a_{n-5}}{a_{n-1}}$$

$$c_3 = \frac{a_{n-1}a_{n-6} - a_n a_{n-7}}{a_{n-1}}$$

$$\vdots$$

其余各值也依次类推，一直计算到第 $n+1$ 行为止，劳斯数列的完整阵列呈现为倒三角形。

注意，在展开阵列时为了简化其后面的数值运算，可以用一个整数去除或者乘某一整

个行，这并不改变稳定性的结论。

（2）根据劳斯判据判定系统是否稳定

劳斯数列表中出现零或某一行全为零时等特殊情况的处理方法。

【知识解读】应用劳斯稳定性判据的两种特殊情况如下：

① 如果在表中任意一行的第一个元素为 0，而其后各元素不全为 0，则在计算下一行的第一个元素时，该元素将趋于无穷大。于是标的计算无法继续。为了克服这一困难，可以用一个很小的正数代替第一列等于 0 的元素，然后计算表的其余各元素。若上下各元素符合不变，且第一列元素符号均为正，则系统特征根存在共轭的虚根。此时，系统为临界稳定系统。

② 如果在表中任意一行的所有元素均为 0，表的计算无法继续。此时，可以利用该行的上一行的元素构成一个辅助多项式，并用多项式方程的导数的系数组成表的下一行。这样，表中的其余各元素就可以计算下去。

# 6.3 奈奎斯特稳定性判据

## 1. 奈奎斯特稳定性判据的基本原理及其参数 $z$、$p$、$N$ 的意义

闭环系统稳定的必要和充分条件是闭环特征方程的根全部在 $s$ 平面的左半平面，只要有一个根在 $s$ 平面的右半平面或在虚轴上，系统就不稳定。奈奎斯特稳定性判据是通过系统开环奈奎斯特图及开环极点的位置来判断闭环特征方程的根在 $s$ 平面上的位置，从而判别系统的稳定性。

用奈奎斯特稳定性判据判别闭环系统稳定的充要条件是：

$$z = p - N = 0$$

式中，$z$ 表示闭环特征方程在 $s$ 右半平面的特征根数；$p$ 表示开环传递函数在 $s$ 右半平面（不包括原点）的极点数；$N$ 表示当自变量 $s$ 沿包含虚轴及整个右半平面在内的极大的封闭曲线顺时针转一圈时，开环奈奎斯特曲线逆时针绕点（-1，j0）转的圈数（开环奈奎斯特曲线逆时针绕点（-1，j0）转时 $N$ 取正值；顺时针绕点（-1，j0）转时 $N$ 取负值）。

故用奈奎斯特稳定性判据判别系统稳定的充要条件又可表述为：开环奈奎斯特曲线逆时针绕点（-1，j0）转的圈数等于开环传递函数在 $s$ 右半平面的极点数时，系统稳定，否则系统不稳定。

当 $p = 0$，即开环无极点在 $s$ 右半平面时，系统稳定的必要和充分条件是开环奈奎斯特图不包围点（-1，j0），即 $N=0$。

## 2. 奈奎斯特稳定性判据判断各类型系统的稳定性的步骤和方法

① 判断 $P$：依据开环传递函数判断开环函数在 $s$ 右半平面的极点个数 $P$。

② 画出开环奈奎斯特图：画出 $\omega$ 从 $-\infty \rightarrow +\infty$ 变化的开环奈奎斯特曲线，其中正频段从 $0 \rightarrow +\infty$ 用实线表示，负频段 $\omega$ 从 $-\infty \rightarrow 0$ 用虚线表示。正、负频段奈奎斯特曲线封闭且关于实轴对称。

③ 观察 $N$：从奈奎斯特图中观察奈奎斯特曲线绕点（-1，j0）旋转的圈数 $N$。

④ 计算 $z$：根据 $z = p - N$ 计算 $z$。若 $z = 0$，系统稳定；若 $z \neq 0$，系统不稳定。

# 6.4 系统的相对稳定性

### 1．系统相对稳定性的基本概念及其衡量指标

奈奎斯特稳定性判据是通过研究开环传递函数的轨迹（奈奎斯特图）和（-1，j0）点的关系及开环极点分布来判断系统的稳定性。当开环是稳定的，并且 $p=0$，那么当奈奎斯特图不包围（-1，j0）点，即 $N=0$，则系统稳定；反之，当奈奎斯特图包围（-1，j0）点，则 $N \neq 0$，则 $Z \neq 0$，系统就不稳定。如果奈奎斯特图不包围（-1，j0）点，但它与实轴交点离（-1，j0）点很近的话，则系统的稳定性就很差，系统参数稍有变化，系统可能就变得不稳定。相反，如果这个距离很大，则稳定程度就很大。因此，奈奎斯特图与（-1，j0）点的关系，不但反映了系统的稳定与否，而且反映了系统稳定或不稳定的程度，也即系统的相对稳定性。常用幅值裕量和相位裕量表示系统稳定性的程度。

### 2．相位裕量和幅值裕量的表示方法及计算

在开环奈奎斯特图上，从原点到奈奎斯特图与单位圆的交点连一条直线，该直线与负实轴的夹角，就是相位裕量 $\gamma$。而该直线与单位圆交点的频率称为幅值穿越频率或剪切频率 $\omega_c$。

相位裕量 $\gamma$ 可表示为

$$\gamma = 180° + \varphi(\omega_c)$$

式中，$\varphi(\omega_c)$ 表示奈奎斯特图与单位圆交点频率 $\omega_c$ 上的相位角，一般为负值（对于最小相位系统）。

当 $\gamma > 0°$ 时，系统稳定。

当 $\gamma < 0°$ 时，系统稳定。

在开环奈奎斯特图（见图 6-2）上，奈奎斯特图与负实轴交点处幅值的倒数，称为幅值裕量 $K_g$。而奈奎斯特图与负实轴交点处的频率 $\omega_g$ 称为相位穿越频率。幅值裕量 $K_g$ 可表示为

$$K_g = \frac{1}{\left| G(j\omega_g)H(j\omega_g) \right|}$$

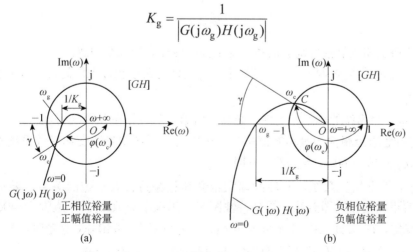

图 6-2

在伯德图上，幅值裕量取分贝为单位，则

$$K_g = 20 \lg \left| \frac{1}{G(j\omega_g)H(j\omega_g)} \right| (\text{dB})$$

$\left| G(j\omega_g)H(j\omega_g) \right| < 1$，则 $K_g > 0(\text{dB})$，系统是稳定的。

$\left| G(j\omega_g)H(j\omega_g) \right| \geqslant 1$，则 $K_g \leqslant 0(\text{dB})$，系统是不稳定的。

$K_g$ 一般取 $8 \sim 20(\text{dB})$ 为宜，图 6-2（a）和（b）分别表示在奈奎斯特图 $1/K_g < 1$ 及 $1/K_g > 1$ 的情况。前者表示系统是稳定的，后者表示系统不稳定。

$\gamma$ 和 $K_g$ 在伯德图上相应的表示如图 6-3（a）和（b）所示，奈奎斯特图上的单位圆对应于伯德图上的 0dB 线。图 6-3（a）中幅频特性穿越 0dB 时，对应于相频特性上的 $\gamma$ 在 $-180°$ 线以上，$\gamma > 0°$，相频特性和 $-180°$ 线交点对应于幅频特性上的 $K_g$（dB）在 0dB 线以下，即 $K_g > 0\text{dB}$，故系统是稳定的。图 6-3（b）则相反，$\gamma < 0°$，$K_g < 0\text{dB}$，系统不稳定。

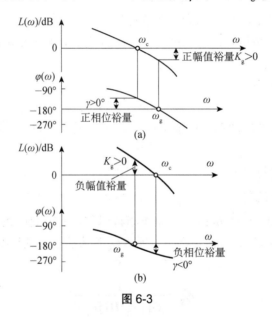

图 6-3

用相位裕量和幅值裕量来衡量系统稳定性时应注意的几个问题：

① 当 $\gamma > 0°$，$K_g > 0\text{dB}$ 时，系统稳定，这是针对最小相位系统而言，对于非最小相位系统不适用。

② 衡量一个系统的相对稳定性，必须同时给出相位裕量和幅值裕量。

③ 适当地选择相位裕量和幅值裕量，可以防止系统中参数变化导致系统不稳定的现象。一般取 $\gamma = 30° \sim 60°$，$K_g = 8 \sim 20\text{dB}$。

④ 对于最小相位系统，开环的幅频特性和相频特性有一定的关系，要求系统具有 $30° \sim 60°$ 的相位裕量，即意味着幅频特性图在穿越频率 $\omega_c$ 处的斜率应大于-40dB/dec。为保持系统稳定，在 $\omega_c$ 处应以-20dB/dec 穿越，因为斜率为-20dB/dec 穿越时，对应的相位角在 $-90°$ 左右。考虑到还有其他因素的影响，可以满足 $\gamma = 30° \sim 60°$。

⑤ 分析一阶和二阶系统的稳定程度，其相位裕量总大于零，而其幅值裕量为无穷大，

因此理论上一阶和二阶系统不可能不稳定。但是实际上某些一阶和二阶系统的数学模型本身是在忽略了一些次要因素之后建立的，实际系统常常是高阶的，其幅值裕量不可能为无穷大，因此系统参数变化时，如开环增益太大，这些系统仍有可能不稳定。

**3．条件稳定系统的基本概念**

若系统的开环传递函数为

$$G(s)H(s) = \frac{K(1+T_a s)(1+T_b s)\cdots}{s^\lambda(1+T_1 s)(1+T_2 s)\cdots}$$

一般情况下，影响系统稳定的主要因素有系统的型次、系统参数$T_a$，$T_b$，$\cdots$，$T_1$，$T_2$，$\cdots$及系统开环增益$K$。对于图6-4所示的系统，系统开环增益$K$较小时，系统稳定性较好；而当$K$值增大时，稳定性变差。但对于图6-5所示的系统，$K$值增大或减小到一定程度，系统都有可能趋于不稳定，只有当$K$值在一定范围内时，系统才稳定。这种系统称为条件稳定系统。

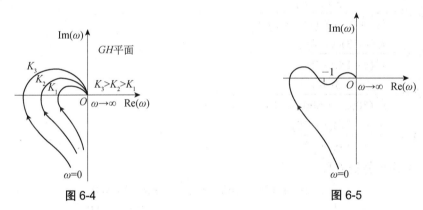

图 6-4　　　　　　　　　　　图 6-5

习题与解答

6-1　设如图6-6所示系统开环传递函数为$G(s)$，试判断系统稳定与否。

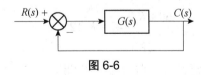

图 6-6

（1）$G(s) = \dfrac{10(s+1)}{s(s-1)(s+5)}$

（2）$G(s) = \dfrac{10}{s(s-1)(2s+3)}$

解：（1）系统特征方程

$$s^3 + 4s^2 + 5s + 1 = 0$$

各项系数均为正，排出劳斯数列

$$\begin{array}{c|c} S^3 & 15 \\ S^2 & 41 \\ S^1 & 19\frac{3}{4} \\ 0 & 1 \end{array}$$

第一列中符号不变化，系统稳定。

（2）系统特征方程

$$3s^3 + s^2 - 3s + 10 = 0$$

系数符号不完全相同，系统不稳定。

6-2　系统如图6-6所示，采用劳斯-胡尔维茨稳定性判据来判断系统稳定与否。

（1）$G(s) = \dfrac{K(s+1)(s+2)}{s^2(s+3)(s+4)(s+5)}$

（2）$G(s) = \dfrac{0.2(s+2)}{s(s+3)(s+0.8)(s+0.5)}$

（3）$G(s) = \dfrac{K(s+6)}{(s^2+2s+3)(s^2+4s+5)}$

（4）$G(s) = \dfrac{K(s+3)(s+4)}{s^3(s+1)(s+2)}$

（5）$G(s) = \dfrac{3s+1}{s^2(300s^2+600s+50)}$

（6）$G(s) = \dfrac{K(s+20)(s+30)}{s(s^2+6s+10)}$

解：（1）系统特征方程

$$s^5 + 12s^4 + 47s^3 + (60+K)s^2 + 3Ks + 2K = 0$$

$$\begin{array}{c|ccc} s^5 & 1 & 47 & 3K \\ s^4 & 12 & 60+K & 2K \\ s^3 & 42 - K/12 & 3K - K/6 & \\ s^2 & 60+K-\dfrac{34K}{42-K/12} & 2K & \\ s^1 & 17K/6 - \dfrac{47-61K/6}{60+K-\dfrac{34K}{42-K/12}} & & \\ s^0 & 2K & & \end{array}$$

各项系数符号不变化时，系统稳定，则 $0 < K < 192.8$。

（2）系统特征方程

$$s^4 + 4.3s^3 + 4.4s^2 + 1.4s + 0.4 = 0$$

$$\begin{array}{c|ccc} s^4 & 1 & 4.4 & 0.4 \\ s^3 & 4.3 & 1.4 & \\ s^2 & 4.07 & 0.4 & \\ s^1 & 0.98 & & \\ s^0 & 0.4 & & \end{array}$$

各项系数符号不变化时，系统稳定。

（3）系统特征方程

$$s^4 + 6s^3 + 16s^2 + (22+K)s + 15 + 6K = 0$$

| $s^4$ | 1 | 16 | 15+6K |
|---|---|---|---|
| $s^3$ | 6 | 22+K | |
| $s^2$ | $(74-K)/6$ | 15+6K | |
| $s^1$ | $22+K-36(15+6K)/(74-K)$ | | |
| $s^0$ | 15+6K | | |

各项系数符号不变化时，系统稳定，则 $0 < K < 6.4$。

（4）系统特征方程

$$s^5 + 3s^4 + 2s^3 + Ks^2 + 7Ks + 12K = 0$$

| $s^5$ | 1 | 2 | 7K |
|---|---|---|---|
| $s^4$ | 3 | K | 12K |
| $s^3$ | $(6-K)/3$ | 3K | |
| $s^2$ | $K-21K/(6-K)$ | 12K | |
| $s^1$ | $3K+4K(6-K)/K^2+15K$ | | |
| $s^0$ | 12K | | |

各项系数符号变化时，系统不稳定。

（5）系统特征方程

$$300s^4 + 600s^3 + 50s^2 + 3s + 15 + 1 = 0$$

| $s^4$ | 300 | 50 | 1 |
|---|---|---|---|
| $s^3$ | 600 | 3 | |
| $s^2$ | 48.5 | 1 | |
| $s^1$ | -454.5 | | |
| $s^0$ | 1 | | |

各项系数符号变化了 2 次，系统不稳定。

（6）系统特征方程

$$s^3 + (6+K)s^2 + (10+50K)s + 600K = 0$$

| $s^3$ | 1 | 10+50K |
|---|---|---|
| $s^2$ | 6+K | 600K |
| $s^1$ | $10+50-600K/(6+K)$ | |
| $s^0$ | 600K | |

各项系数符号不变化时，系统稳定，则 $0.215 < K < 5.585$。

6-3　判断如图 6-7 所示系统的稳定性。

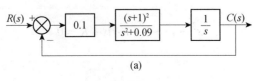

(a)

**图 6-7**

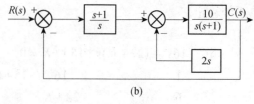

(b)

图 6-7（续）

解：（a）开环传递函数

$$G(s) = \frac{0.1(s+1)^2}{s(s^2+0.09)}$$

系统特征方程

$$s^3 + 0.1s^2 + 0.29s + 0.1 = 0$$

$$\begin{array}{c|cc}
s^3 & 1 & 0.29 \\
s^2 & 0.1 & 0.1 \\
s^1 & -0.71 & \\
s^0 & 0.1 &
\end{array}$$

各项系数符号变化了 2 次，系统不稳定。

（b）开环传递函数

$$G(s) = \frac{10(s+1)}{s(s^2+21s)}$$

系统特征方程

$$s^3 + 21s^2 + 10s + 10 = 0$$

$$\begin{array}{c|cc}
s^3 & 1 & 10 \\
s^2 & 21 & 10 \\
s^1 & 100\,21/ & \\
s^0 & 10 &
\end{array}$$

各项系数符号不变化，系统稳定。

6-4　系统如图 6-8 所示，若系统时域响应产生频率为 $\omega_n = 2\text{rad/s}$ 的持续振荡，试确定系统的参数 $K$ 和 $a$。

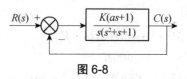

图 6-8

解：由已知条件知，系统一定存住一对共轭纯虚根，$s_{1,2} = \pm 2\text{j}$，由方框图得系统的特征方程为

$$s^3 + s^2 + (1+Ka)s + K = 0$$

$$\begin{array}{c|cc}
s^3 & 1 & 1+Ka \\
s^2 & 1 & K \\
s^1 & 1+Ka-K & \\
s^0 & K &
\end{array}$$

显然，只有当劳斯表中 $s^1$ 行的元素全为 0 时，该特征方程才会有一对共轭纯虚根，则 $K=4$，$a=\dfrac{3}{4}$。

6-5　绘制下列各开环传递函数的奈奎斯特图，求出系统的幅值裕量和相位裕量，并判别系统是否稳定。

（1）$G(s)=\dfrac{10}{(s+1)(2s+1)(3s+1)}$

（2）$G(s)=\dfrac{120(4s+1)}{(s+1)(2s+1)(3s+1)}$

（3）$G(s)=\dfrac{120(0.5s+1)}{(s+1)(2s+1)(3s+1)}$

（4）$G(s)=\dfrac{24}{s(s+1)(s+4)}$

（5）$G(s)=\dfrac{24}{s(s+1)(s+4)}$

（6）$G(s)=\dfrac{10(0.2s+1)}{s^2(0.1s+1)}$

（7）$G(s)=\dfrac{10(0.1s+1)}{s^2(0.2s+1)}$

（8）$G(s)=\dfrac{K(2s+1)}{(s^2+4)(s+1)(s+3)}$

解：（1）该开环传递函数的奈奎斯特图如图 6-9 所示。

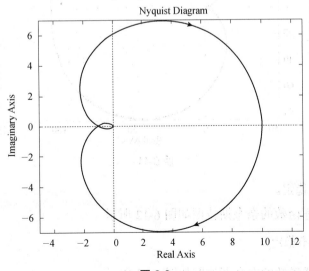

图 6-9

$K_g = 1$，系统临界稳定。

（2）该开环传递函数的奈奎斯特图如图 6-10 所示。

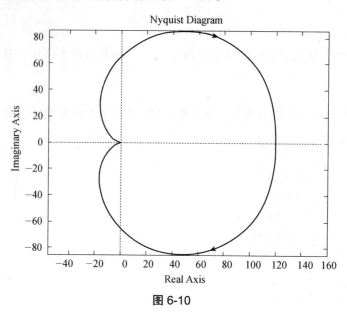

图 6-10

$K_g = \infty$，系统稳定。

（3）该开环传递函数的奈奎斯特图如图 6-11 所示。

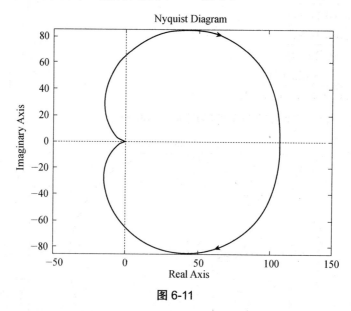

图 6-11

$K_g = \infty$，系统稳定。

（4）该开环传递函数的奈奎斯特图如图 6-12 所示。

$K_g = \dfrac{5}{6}$，系统不稳定。

（5）该开环传递函数的奈奎斯特图如图 6-13 所示。

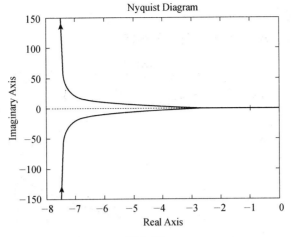

图 6-12

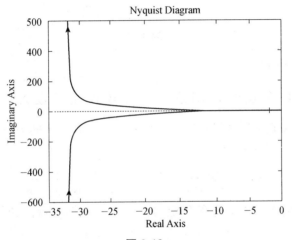

图 6-13

$K_g = \infty$ ，系统稳定。

（6）该开环传递函数的奈奎斯特图如图 6-14 所示。

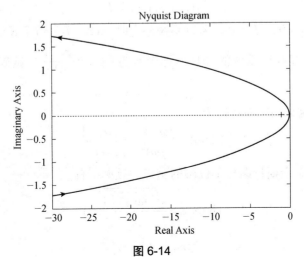

图 6-14

$K_g = \infty$，系统稳定。

（7）该开环传递函数的奈奎斯特图如图 6-15 所示。

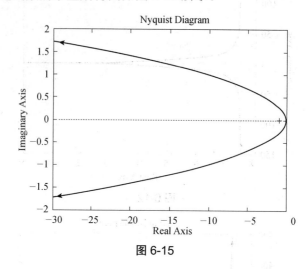

图 6-15

$K_g = 0$，系统不稳定。

**6-6**　已知单位负反馈控制系统的开环传递函数为 $G(s) = \dfrac{K}{s(T_1 s+1)(T_2 s+1)}$ $(T_1 > T_2 > 0, K > 0)$，试确定系统稳定性与参数 $K$，$T_1$，$T_2$ 之间的关系。

解：系统的闭环传递函数为

$$F(s) = \frac{G(s)}{1+G(s)} = \frac{K}{T_1 T_2 s^3 + (T_1 + T_2)s^2 + s + K}$$

由劳斯稳定性判据知，三阶系统稳定的充要条件是特征方程的所有系数均为正，并且系数内积大于外积。

$$\begin{cases} T_1 T_2 > 0 \\ T_1 + T_2 > 0 \\ K > 0 \\ (T_1 + T_2) > T_1 T_2 K \end{cases}$$

已知 $T_1 > 0$，$T_2 > 0$，$K > 0$，所以系统稳定时，$(T_1 + T_2) > T_1 T_2 K$。

**6-7**　设单位反馈控制系统的开环传递函数为 $G(s) = \dfrac{as+1}{s^2}$，试确定使相位裕量等于 $45°$ 时的 $a$ 值。

解：开环传递函数的频率特性为

$$G(j\omega) = \frac{ja\omega + 1}{(j\omega)^2} = \frac{ja\omega + 1}{-\omega^2}$$

又因 $\omega_c$ 为开环奈奎斯特图与单位圆的交点的频率，有

$$|G(j\omega_c)| = \frac{\sqrt{(a\omega_c)^2 + 1}}{\omega_c^2} = 1$$

$$(a\omega_c)^2 + 1 = \omega_c^4$$

又因 $\gamma = 45°$，$\angle G(j\omega) = \arctan a\omega_c$

$$\gamma = 180° + \arctan a\omega_c = 45°$$

$$\arctan a\omega_c = -135°$$

得 $a\omega_c = 1$，$\omega_c = \dfrac{1}{a}$

将 $\omega_c$ 代入上式，得 $a^4 = 2$，$a = \pm\sqrt[4]{2}$。

6-8 有下列开环传递函数：

（1）$G(s)H(s) = \dfrac{20}{s(1+0.5s)(1+0.1s)}$

（2）$G(s)H(s) = \dfrac{50(0.6s+1)}{s^2(1+4s)}$

试绘制系统的伯德图并分别求它们的幅值裕量和相位裕量。

解：（1）系统的伯德图如图 6-16 所示。

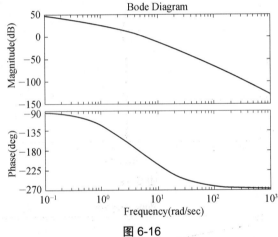

图 6-16

$K_g = -4.4\text{dB}$，$\gamma = -14.7°$。

（2）系统的伯德图如图 6-17 所示。

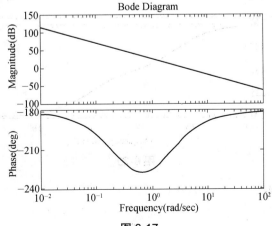

图 6-17

$K_g = -\infty$ ， $\gamma = -26°$。

6-9 系统如图 6-18 所示，分别绘制其奈奎斯特图和伯德图，求出其相位裕量并在所作图中标出。

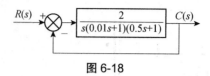

图 6-18

解：系统的奈奎斯特图与伯德图分别如图 6-19 和图 6-20 所示。

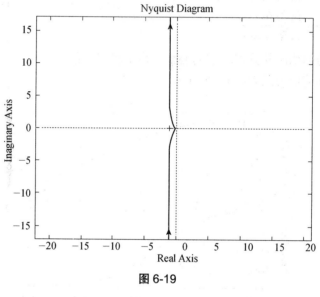

图 6-19

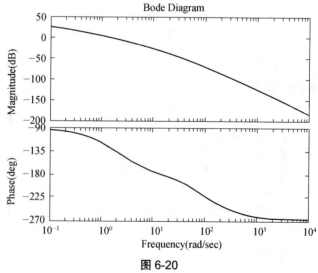

图 6-20

$K_g = 34\text{dB}$ ， $\gamma \approx 44°$。

6-10  如图 6-21 所示的系统中，$G(s) = \dfrac{10}{s(s-1)}$，$H(s) = 1 + K_n s$。试确定闭环系统稳定时的的临界值。

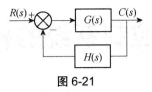

图 6-21

解：系统特征方程 $s^2 + (10K_n - 1)s + 10 = 0$

$$\begin{array}{c|cc} s^2 & 1 & 10 \\ s^1 & 10K_n - 1 & \\ s & 10 & \end{array}$$

临界值 $K_n = 0.1$。

6-11  一单位反馈控制系统的开环传递函数为 $G(s) = \dfrac{Ke^{-\tau s}}{s(s+1)}$，试绘制 $K = 20$，$\tau = 1\text{s}$ 时的奈奎斯特图。

解：该系统的奈奎斯特图如图 6-22 所示。

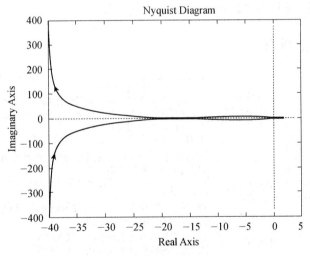

图 6-22

# 第7章　控制系统的校正与设计

考纲内容

## 学习目的与要求

通过本章的学习，明确在预先规定了系统性能指标的情况下，如何选择适当的校正环节和参数使系统满足这些要求，因此应掌握系统的时域性能指标、频域性能指标以及它们之间的相互关系，各种校正方法的特点及其实现过程。

## 考核知识点与考核要求

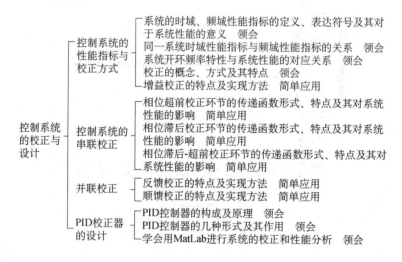

## 重点与难点

**本章重点**：系统设计与系统校正的概念，校正的目的，校正的方法；掌握增益调整、相位超前校正、相位滞后校正、相位滞后-超前校正以及 PID 校正等串联校正方式的传递函数特点及其对系统性能调整的作用，掌握采用频率法进行系统校正的方法和步骤。要求考生能够根据系统校正前后的伯德图识别校正环节，判断校正环节对系统性能的改变。

本章难点：

各种校正环节的设计及其对控制系统的作用。

内容提要

# 7.1　控制系统的性能指标与校正方式

### 1．系统的时域与频域性能指标

系统的性能指标按系统的类型的分类如图 7-1 所示。

$$
系统的性\begin{cases} 时域性能指标 \begin{cases} 瞬态性能指标 \begin{cases} 延迟时间 t_d \\ 上升时间 t_r \\ 峰值时间 t_p \\ 最大超调量 M_p \\ 调整时间 t_s \end{cases} \\[2mm] 稳态性能指标：稳态误差 e_{ss} \end{cases} \\[4mm] 频域性能指标 \begin{cases} 相位裕量 \gamma \\ 幅值裕量 K_g \\ 截止频率 \omega_{bb} 和频宽（或称带宽）0\sim\omega_b \\ 谐振频率 \omega_r 和谐振峰值 M_r \end{cases} \end{cases}
$$

图 7-1

### 2．同一系统时域指标与频域性能指标的关系

对于同一系统，不同域中的性能指标转换有严格的数学关系。由第 4 章和第 5 章的内容可知，对于典型二阶系统（如图 7-2 所示）而言，其时域和频域性能指标有如下转换关系：

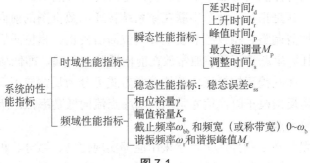

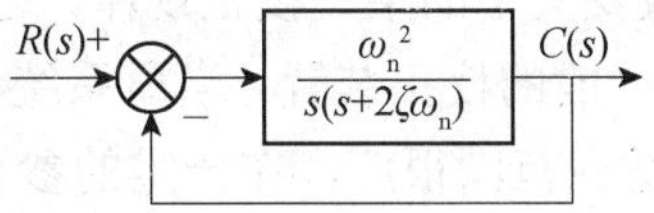

图 7-2

$$M_p = e^{-\pi\sqrt{\left(M_r - \sqrt{M_r^2 - 1}\right)\big/\left(M_r + \sqrt{M_r^2 - 1}\right)}}$$

$$\omega_r = \frac{3}{t_s\zeta}\sqrt{1 - 2\zeta^2}\,, \quad t_s = \frac{3}{\zeta\omega_n} \text{ 或 } \frac{4}{\zeta\omega_n}$$

$$\omega_b = \frac{3}{t_s\zeta}\sqrt{1 - 2\zeta^2 + \sqrt{2 - 4\zeta^2 + 4\zeta^4}} \text{ 或 } \frac{4}{t_s\zeta}\sqrt{1 - 2\zeta^2 + \sqrt{2 - 4\zeta^2 + 4\zeta^4}}$$

$$\gamma = \arctan\frac{2\zeta}{\sqrt{\sqrt{1 + 4\zeta^4} - 2\zeta^2}}$$

$$\omega_c = \omega_n\sqrt{\sqrt{1 + 4\zeta^4} - 2\zeta^2}$$

### 3．系统开环频率特性与系统性能的对应关系

一般将开环频率特性的幅值穿越频率 $\omega_c$ 看成频率响应的中心频率，并将在 $\omega_c$ 附近的

频率区段称为中频段；把频率 $\omega \ll \omega_c$ 的频率区段称为低频段（一般定为第一个转折频率以前）；把 $\omega \gg \omega_c$ 的频率区段称为高频段（一般取 $\omega > 10\omega_c$）。

一般，决定闭环系统稳态特性好坏的主要参数（如开环增益，系统的类型等）可以通过系统的开环频率特性低频段求得；而决定闭环系统动态特性好坏的主要参数（如幅值穿越频率、相位裕量等）可以通过系统开环频率特性的中频段求得；系统的抗干扰能力等，则可以由系统的高频段来表示。

综上可知，开环频率特性低频段反映了闭环系统的稳态特性；中频段反映了闭环系统的动态特性；高频段反映了系统对高频干扰或噪声的抵抗能力。

### 4．校正的概念、方式及其特点

校正就是指在控制对象已知、性能指标已定的情况下，在系统中增加新的环节或改变某些参数，以改善系统性能的方法。常用的校正方式及其特点如下：

（1）串联校正。其是指校正环节串联在原系统传递函数框图的前向通路中。其按校正环节的性能可分为增益调整、相位超前校正、相位滞后校正、相位滞后－超前校正。特点是为了减少功率消耗，串联校正环节通常放在前向通路的前端，即低功率部分。

（2）并联校正。并联校正按校正环节的并联方式可分为反馈校正、顺馈校正和前馈校正。特点是由于采用反馈校正时，信号是从高功率点流向低功率点。所以一般采用无源校正网络，不再附加放大器。

（3）PID 校正器。在工业控制上，常采用能够实现比例、微分、积分等控制作用的校正器，实现相位超前、相位滞后、相位滞后-超前的校正作用。其基本原理与串联校正、反馈校正相比并无特殊之处，但结构的组合形式和产生的调节效果却有所不同。特点是：

① 对被控对象的模型要求低，甚至在系统模型完全未知的情况下也能进行校正。

② 校正方便，在 PID 校正器中，其比例、积分、微分的校正作用相互独立，最后以求和的形式出现。人们可以任意改变其中的某一校正规律，这就大大地增加了使用的灵活性。

③ 适应的范围较广，采用一般的校正装置，当原系统参数变化时，系统性能将会产生很大的改变，而 PID 校正器的适应范围很广，在一定的参数变化区间内，仍有很好的校正效果。

# 7.2 PID 校正器的设计

### 1．PID 控制器的构成及原理

系统中，最常用的校正器就是 PID 校正器，它通常是一种由运算放大器组成的器件，通过对输出和输入之间的误差（或偏差）进行比例（P）、积分（I）和微分（D）的线性组合以形成控制律，对被控对象进行校正和控制，所以称为 PID 校正器，PTD 控制系统框图如图 7-3 所示。

图 7-3 中 $G_P(s)$ 是被控对象的传递函数，$G_C(s)$ 则是点画线框中 PID 校正器的传递函数，即

$$G_C(s) = K_p + \frac{K_I}{s} + K_D s$$

式中，$K_P$ 为比例系数；$K_I$ 为积分系数；$K_D$ 为微分系数。

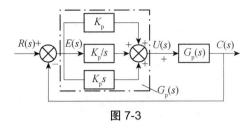

图 7-3

使用时，PID 校正器的传递函数也经常表示为

$$G_C(s) = K_p(1 + \frac{1}{T_1 s} + T_D s)$$

式中，$K_p$ 为比例系数；$T_I$ 为积分时间常数，$T_I = \dfrac{K_p}{K_I}$，$T_D$ 为微分时间常数，$T_D = \dfrac{K_D}{K_p}$。

PD 校正器与系统零点的关系及其对系统瞬态性能的影响。

如图 7-4 所示为一个带有 PD 校正器的反馈控制系统框图，其有一个传递函数 $G_P(s) = \dfrac{\omega_n^2}{s(s + 2\zeta\omega_n)}$，并带有一个比例微分环节的校正器（PD 校正器），则 PD 校正器的传递函数为

$$G_C(s) = K_P + K_D s = K_P(1 + T_D s)$$

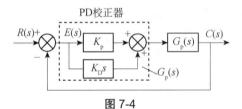

图 7-4

整个系统的开环传递函数为

$$G(s) = G_C(s)G_P(s) = \frac{\omega_n^2(K_P + K_D s)}{s(s + 2\xi\omega_n)}$$

上式表明，PD 校正器相当于给开环传递函数增加了一个零点 $s = -K_P/K_D$。整个系统的闭环传递函数为

$$\frac{C(s)}{R(s)} = \frac{G(s)}{1 + G(s)} = \frac{\omega_n^2(K_P + K_D s)}{s(s + 2\xi\omega_n) + \omega_n^2(K_P + K_D s)} = \frac{\omega_n^2(K_P + K_D s)}{s^2 + (2\xi\omega_n + \omega_n^2 K_D)s + \omega_n^2 K_P}$$

系统阻尼比增加，即 PD 校正器相当于增加了系统阻尼。因此，系统的最大超调量减小，但 PD 校正器的作用对稳态性能的改善很有限。

### 2．PD 校正器与系统零点、极点的关系及其对系统瞬态性能的影响

如图 7-5 所示为带有 PI 校正器的反馈控制系统框图，其有一个传递函数 $G_P(s) = \dfrac{\omega_n^2}{s(s + 2\xi\omega_n)}$，并带有一个比例积分环节的校正器（PI 校正器）。则 PI 校正器的传递函数为

$$G_C(s) = K_P + \frac{K_I}{s} = K_P\left(1 + \frac{1}{T_1 s}\right)$$

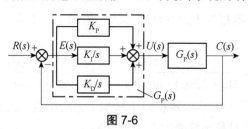

图 7-5

整个系统的开环传递函数为

$$G(s) = G_C(s)G_P(s) = \frac{\omega_n^2(K_P s + K_I)}{s^2(s + 2\xi\omega_n)}$$

上式表明，PI 校正器相当于给开环传递函数增加了一个零点 $s = -K_I/K_P$ 和一个极点 $s = 0$。PI 校正器的一个明显作用是使系统的型次增加，这样可以使没有 PI 校正器的系统稳态误差得到一定改善。

### 3．PID 校正器与系统零点、极点的关系及其对系统瞬态性能的影响

如图 7-6 所示为一个同时具有比例、积分和微分环节的校正器（PID 校正器的框图），其中 $G_P(s) = \dfrac{\omega_n^2}{s(s + 2\xi\omega_n)}$，则 PID 校正器的传递函数为

$$G_C(s) = K_P + \frac{K_I}{s} + K_D l s)$$

整个系统的开环传递函数为

$$G(s) = G_C(s)G_P(s) = \frac{\omega_n^2(K_D s^2 + K_P s + K_I)}{s^2(s + 2\xi\omega_n)}$$

上式表明，PID 控制器相当于给开环传递函数增加了两个负实数零点和一个极点 $s = 0$。故 PID 校正使系统的型次增加，稳态误差减少，且对提高系统的动态性能也有很大的帮助。

图 7-6

**习题与解答**

试分别绘制如图 7-7 所示网络的伯德图和奈奎斯特图。

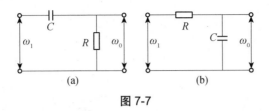

图 7-7

解：（1）图 7-7（a）所示系统的传递函数为

$$\frac{U_0(s)}{U_i(s)} = \frac{RCs}{RCs+1}$$

令 $T = RC$，则

$$G(s) = \frac{U_0(s)}{U_i(s)} = \frac{Ts}{Ts+1}$$

其频率特性为 $G(j\omega) = \dfrac{j\omega T}{j\omega T + 1}$，显然为一个微分环节与一个转折频率为 $\omega_T = \dfrac{1}{T}$ 的一阶惯性环节叠加而成，则其伯德图如图 7-8（a）所示。

（2）图 7-7（b）所示系统的传递函数为

$$\frac{U_0(s)}{U_i(s)} = \frac{1}{RCs+1}$$

令 $T = RC$，则

$$G(s) = \frac{U_0(s)}{U_i(s)} = \frac{1}{Ts+1}$$

频率特性为 $G(j\omega) = \dfrac{1}{j\omega T + 1}$，显然为一个转折频率为 $\omega_T = \dfrac{1}{T}$ 的一阶惯性环节，则其伯德图如图 7-8（b）所示，其奈奎斯特图如图 7-8（c）所示。

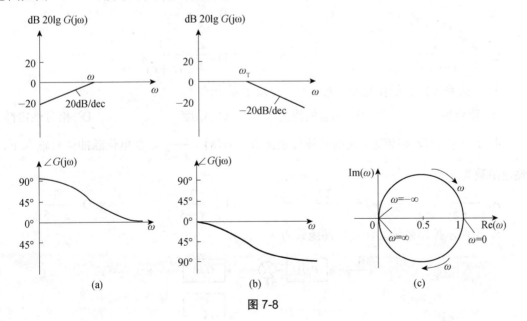

图 7-8

# 附录 A

# 2012年10月机械工程控制基础
# 真题和解析

## A.1    真题

**一、单项选择题（本大题共 10 小题，每小题 2 分，共 20 分）**

在每小题列出的四个备选项中只有一个是符合题目要求的，请将其选出并将答题卡的相应代码涂黑。错涂、多涂或未涂均无分。

1. 在零初始条件下，线性定常系统输出和输入量的拉氏变换之比称为系统的（      ）。

A. 相频特性          B. 幅频特性          C. 稳态误差          D. 传递函数

2. 函数 $a + te^{-ct}(t \geqslant 0)$ 的拉氏变换式为（      ）。

A. $as + \dfrac{1}{(s+c)^2}$

B. $\dfrac{a}{s} + \dfrac{e^{-cs}}{s^2}$

C. $\dfrac{a}{s} + \dfrac{1}{(s+c)^2}$

D. $\dfrac{a}{s} - \dfrac{1}{(s+c)^2}$

3. 二阶系统的性能指标 $t_r$、$t_p$、$t_s$，反映了系统的（      ）。

A. 稳定性          B. 响应的快速性          C. 精度          D. 相对稳定性

4. 某单位负反馈控制系统的开环传递函数为 $G(s) = \dfrac{2}{s+3}$，在单位脉冲信号输入下，输出函数为（      ）。

A. $\dfrac{2}{s+5}$          B. $\dfrac{2}{s+3}$          C. $\dfrac{2}{s-3}$          D. $\dfrac{2}{s-5}$

5. 下图示控制系统的闭环传递函数为（      ）。

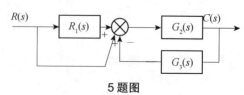

5题图

A. $\dfrac{\left[1-G_1(s)\right]G_2(s)}{1+G_1(s)G_3(s)}$

B. $\dfrac{\left[1+G_1(s)\right]G_2(s)}{1+G_2(s)G_3(s)}$

C. $\dfrac{\left[1+G_1(s)\right]G_3(s)}{1+G_2(s)G_3(s)}$

D. $\dfrac{\left[1-G_1(s)\right]G_3(s)}{1+G_2(s)G_3(s)}$

6. 在欠阻尼二阶控制系统中，反映其相对稳定性指标的是（    ）。

A. 上升时间          B. 延迟时间          C. 峰值时间          D. 超调量

7. 某单位反馈控制系统的开环传递函数为 $G(s)=\dfrac{2}{s^2+2s-1}$，则系统为（    ）。

A. Ⅲ型系统          B. Ⅱ型系统          C. Ⅰ型系统          D. 0 型系统

8. 已知系统的传递函数为 $G(s)=\dfrac{10+s}{s(1+0.5s)}$，则系统的幅频特性为（    ）。

A. $A(\omega)=\dfrac{10\omega^2}{\omega\sqrt{1+0.5^2\omega^2}}$

B. $A(\omega)=\dfrac{10\omega}{\omega\sqrt{1-0.5^2\omega^2}}$

C. $A(\omega)=\dfrac{\sqrt{100+\omega^2}}{\omega^2\sqrt{1-0.5^2\omega^2}}$

D. $A(\omega)=\dfrac{\sqrt{100+\omega^2}}{\omega^2\sqrt{1+0.5^2\omega^2}}$

9. 对最小相位系统而言，系统的相对稳定性是指相位裕度 $\gamma$ 和幅值裕度 $K_g$ 为（    ）。

A. $\gamma$ 大于 0，而 $K_g$ 可以小于 0          B. $\gamma$ 和 $K_g$ 均小于 0

C. $\gamma$ 和 $K_g$ 均大于 0          D. $\gamma$ 小于 0，而 $K_g$ 可以大于 0

10. 增加系统的开环增益，可提高系统的稳态精度和响应速度，但稳定性下降，为保证系统的响应速度，又能保证其他特性不变坏而用的校正方法是（    ）。

A. 相位滞后校正          B. 相位超前-滞后校正

C. 相位超前校正          D. 相位滞后-超前校正

**二、填空题**（本大题共 10 小题，每小题 1 分，共 10 分）

请将答案填写在答题卡的非选择题答题区。错填、不填均无分。

11. 当 $\omega=0$ 时的 A（$\omega$）值，称为_____。

12. 稳态响应是指_____。

13. 研究系统动态特性的模型称为_____。

14. 偏差指的是_____。

15. 校正的实质是_____。

16. $G(s)=\dfrac{2}{s+1}$ 表示的控制系统中，静态速度误差系数 $K_v$ 为_____。

17. 当系统传递函数 $G(s)=\dfrac{20}{s(0.8+s)}$ 时，该系统为_____阶系统。

18. 某控制系统输出信号 $X(s)=\dfrac{9}{4s^2+1}$，则对应的 $x(t)$ 为_____。

19. 若系统传递函数的所有零、极点均在 $s$ 平面的_____，该系统称作最小相位系统。

20. 从系统某一环节输出端取出信号，加到该环节前面某一环节的输入端，并与该处的其他信号＿＿＿＿＿＿，该方式称为反馈校正。

**三、简答题（本大题共 5 小题，每小题 6 分，共 30 分）**

21. 传递函数的零点、极点指的是什么？

22. 峰值时间指的是哪个时间？

23. 控制系统中对高阶系统的动态分析常用的方法是什么？为什么？

24. 频率特性指的是什么？

25. 何谓一阶系统？典型一阶系统单位阶跃响应中的时间常数 $T$ 有何实际意义？

**四、分析计算题（本大题共 3 题，第 26 小题 10 分，第 27、28 小题各 15 分，共 40 分）**

26. 分析下图，求所示系统的微分方程。

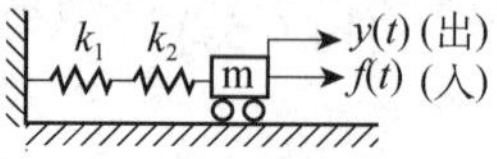

题 26 图

27. 系统的闭环传递函数为

$$F(s) = \frac{3s^3 + 12s^2 + 17s + 20}{s^5 + 2s^4 + 14s^3 + 88s^2 + 200s + 800}$$

试评价其稳定性，如果不稳定，求出在 $s$ 平面的右半面的极点数目。

28. 设单位反馈系统的开环传递函数为 $G(s) = \dfrac{K}{s(s+1)(0.1s+1)}$，试确定：

（1）使系统的幅值裕度 $K_g = 20\text{dB}$ 的 $K$ 值；

（2）使系统的相位裕度 $\gamma = +60°$ 的 $K$ 值。

# A.2　参考答案及解析

**一、单项选择题（本大题共 10 小题，每小题 2 分，共 20 分）**

1. 【D】此题考查传递函数的定义。传递函数的定义：对单输入-单输出线性定常系统，在初始条件为零的条件下，系统输出量与输入量的拉氏变换之比，称为系统的传递函数。

2. 【C】此题考查函数的拉氏变换式，此题中 $te^{-ct}$ 的拉氏变换可以根据复数域的位移定理推导出来。

3. 【B】此题考查对二阶系统性能指标的理解，$t_r$、$t_p$、$t_s$ 反映了系统的快速性。

4. 【A】此题考查动态系统的构成中反馈连接中的负反馈。某单位负反馈控制系统，暗含着 $H(s)=1$，负反馈对应的闭环传递函数 $\Phi(s) = \dfrac{Y(s)}{X(s)} = \dfrac{G(s)}{1+G(s)H(s)}$，开环传递函数已知，闭环传递函数代入公式求出。此题问的是在单位脉冲信号输入下的输出函数，$X(s)=1$，

$$Y(s) = \Phi(s) = \frac{\dfrac{2}{s+3}}{1+\dfrac{2}{s+3}\times 1} = \frac{2}{s+5}。$$

5. 【B】此题考查动态系统的构成中，环节的连接 $G_1(s)$ 和 $H(s)=1$ 构成并联，等效传递函数为 $G_1(s)+1$，$G_2(s)$ 和 $G_3(s)$ 构成反馈连接，等效传递函数为 $\dfrac{G_2(s)}{1+G_2(s)G_3(s)}$，等效后的两个环节构成串联，环节传递函数相乘，所以框图的传递函数为 $\dfrac{\left[1+G_1(s)\right]G_2(s)}{1+G_2(s)G_3(s)}$。

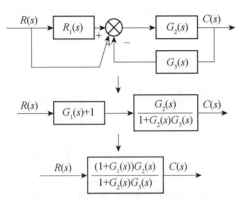

6. 【B】此题考查欠阻尼二阶控制系统的性能指标。$M_p$ 表征了系统的相对稳定性。

7. 【D】此题考查系统的分类。按开环传递函数中拥有积分环节的个数进行分类，无积分环节为 0 型系统，1 个积分环节为 I 型系统…。此题中单位反馈控制系统的开环传递函数为 $G(s)=\dfrac{2}{s^2+2s-1}$，无积分环节，则系统为 0 型系统。

8. 【D】此题考查系统的幅频特性。已知系统的传递函数为 $G(s)=\dfrac{10+s}{s(1+0.5s)}$，则系统的幅频特性为 $A(\omega)=\dfrac{\sqrt{100+\omega^2}}{\omega^2\sqrt{1+0.5^2\omega^2}}$。

9. 【C】此题考查相位裕度 $\gamma$ 和幅值裕度 $K_g$。对最小相位系统而言，$\gamma>0°$ 时，系统稳定；$\gamma\leqslant0°$ 时，系统不稳定。$K_g>0$，系统是稳定的；$K_g\leqslant0$ 时，系统是不稳定的，故而系统要稳定，需要 $\gamma$ 和 $K_g$ 均大于 0。

10. 【C】此题考查系统校正的概念。

二、填空题（本大题共 10 小题，每小题 1 分，共 10 分）

11. 答案：零频幅值。此题考查频率特性。当 $\omega=0$ 时的 $A(\omega)$ 值，称为零频幅值。

12. 答案：当 $t$ 趋于无穷大时系统的输出。此题考查稳态响应的定义。

13. 答案：数学模型。此题考查数学模型的概念。为研究系统的动态特性，要建立另外一种模型——数学模型。

14. 答案：输入与反馈值之差。此题考查偏差的概念。偏差指的输入与反馈值之差。

15. 答案：改变系统的零极点分布。此题考查校正的实质。校正的实质就是通过引入校正环节，改变整个系统的零点和极点分布。

16. 答案：零。此题考查误差系数。$K_v=\lim\limits_{s\to0}sG(s)\,H(s)=\lim\limits_{s\to0}\dfrac{2s}{s+1}=0$。

17. 答案：二。此题考查系统阶次的概念。二阶系统是用二阶微分方程描述的系统。

$\dfrac{\omega_n^2}{s^2+2\zeta\omega_n s+\omega_n^2}$ 为典型二阶系统的传递函数。此题系统传递函数

$G(s)=\dfrac{20}{s(0.8+s)}=\dfrac{20}{s^2+0.8s}$，此系统最高阶次为 2，所以是二阶系统。

18. 答案：$\dfrac{9}{2}\sin\dfrac{1}{2}t$。此题考查系统拉氏反变换。某控制系统输出信号 $X(s)=\dfrac{9}{4s^2+1}$，

则对应的 $x(t)$ 为

$$x(t)=L^{-1}\big[X(s)\big]=L^{-1}\left[\dfrac{9}{4s^2+1}\right]=L^{-1}\left[\dfrac{9}{2}\dfrac{\dfrac{1}{2}}{s^2+\left(\dfrac{1}{2}\right)^2}\right]=\dfrac{9}{2}\sin\dfrac{1}{2}t$$

19. 答案：左半平面。此题考查最小相位系统。若系统的开环传递函数的所有零点和极点均在 $s$ 平面的左半平面时，则该系统称为最小相位系统。

20. 答案：叠加。此题考查反馈校正的概念。所谓反馈校正，是从系统某一环节的输出中取出信号，经过校正网络加到该环节前面某一环节的输入端，并与那里的输入信号叠加，从而改变信号的变化规律，实现对系统进行校正的目的。

**三、简答题（本大题共 5 小题，每小题 6 分，共 30 分）**

21. 答案：使传递函数为零的 $S$ 值，称为零点。使传递函数趋于无穷大的 $S$ 值，称为极点。此题考查传递函数的零点、极点的概念。

22. 答案：响应曲线到达超调量第一个峰值所需要的时间。此题考查峰值时间的概念。

23. 答案：三阶或三阶以上的系统称为高阶系统；对高阶系统在一定条件下简化为有一对闭环主导点的二阶系统进行分析研究；因主导极点对系统起主导作用，而其他极点对系统的影响较小，故在近似分析中可忽略不计。此题考查高阶系统的动态分析方法。

24. 答案：指线性系统或环节在正弦函数作用下，稳态输出与输入之比对频率的关系特性。此题考查频率特性的概念。

25. 答案：能用一阶微分方程描述的系统称为一阶系统；$T$ 表征了系统过渡的品质，其值愈小，则系统的响应愈快。此题考查一阶系统的概念及一阶系统中 $T$ 的意义。

**四、分析计算题（本大题共 3 题，第 26 小题 10 分，第 27、28 小题各 15 分，共 40 分）**

26. 解：分别对质量 $m$ 和 $x_1(t)$ 利用牛顿第二定律得

$$f(t)-k_2\big(x(t)-x_1(t)\big)=m\ddot{x}(t)$$
$$-k_1 x_1(t)-k_2\big(x_1(t)-x(t)\big)=0$$

整理得

$$m\ddot{x}(t)+\dfrac{k_1 k_2}{k_1+k_2}x(t)=f(t)$$

27. 解：特征方程为

$$S^5+2S^4+14S^3+88S^2+200S+800=0$$

各项系数均为正，列出劳斯数列

| $S^5$ | 1 | 14 | 200 |
|---|---|---|---|
| $S^4$ | 2 | 88 | 800 |
| $S^3$ | −30 | −200 | |
| $S^2$ | 74.7 | 800 | |
| $S^1$ | 121 | | |
| $S^0$ | 800 | | |

劳斯表中第一列元素符号改变 2 次，说明系统不稳定，不稳定根的数目为 2 个。

28. 解：（1）使系统的幅值裕度 $K_g$=20dB 的 $K$ 值。

由给定的条件 $20\lg\dfrac{1}{|G(j\omega)|}=20$，即

$$|G(j\omega)|=0.1$$

又 $\omega=\omega_g$ 时，$\varphi(\omega)=-180°$，则

$$\varphi(\omega_g)=-90°-\tan^{-1}0.1\omega_g-\tan^{-1}\omega_g=-180°$$

$$\omega_g=3.16\text{rad/s}$$

$$|G(j\omega_g)|=\frac{K}{\omega_g\sqrt{(0.1\,\omega_g)^2+1}\sqrt{(\omega_g)^2+1}}=0.1$$

得 $K\approx1.05$。

（2）使系统的相应裕度 $\gamma$=+600 的 $K$ 值。

由给定条件

$$\gamma=180°+\varphi(\omega_c)=180°-90°-\tan^{-1}0.1\omega_c-\tan^{-1}\omega_c=60°$$

$$\omega_c=0.5\text{rad/s}$$

将 $\omega_c$=0.5rad/s 代入幅频特性，并令其等于 1，即

$$\frac{K}{\omega_c\sqrt{(0.1\,\omega_c)^2+1}\sqrt{(\omega_c)^2+1}}=1$$

得 $K\approx0.56$。

# 附录 B

# 2013 年 10 月机械工程控制基础 真题和解析

## B.1 真题

**一、单项选择题（本大题共 10 小题，每小题 2 分，共 20 分）**

在每小题列出的四个备选项中只有一个是符合题目要求的，请将其选出并将答题卡的相应代码涂黑。错涂、多涂或未涂均无分。

1. 在题 1 图中电网络的传递函数是（　　）。

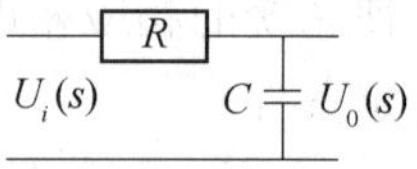

A. $\dfrac{RC}{RC+1}$
B. $\dfrac{R}{RC+1}$

C. $\dfrac{s}{RCs+1}$
D. $\dfrac{1}{RCs+1}$

题 1 图

2. 负反馈是指反馈回去的信号与原系统的输入信号相位差（　　）。

A. 180° 　　　　　　　B. 30° 　　　　　　　C. 90° 　　　　　　　D. 60°

3. 下列系统中，最小相位系统是（　　）。

A. $G(s)=\dfrac{1}{s(1-0.1s)}$
B. $G(s)=\dfrac{1}{1-0.01s}$

C. $G(s)=\dfrac{1}{1+0.01s}$
D. $G(s)=\dfrac{1}{0.01s-1}$

4. 一个线性系统稳定与否取决于（　　）。

A. 系统的干扰 　　　　　　　　　　B. 系统的结构和参数

C. 系统的输入 　　　　　　　　　　D. 系统的初始状态

5. 某环节传递函数为 $\dfrac{1}{s}$，则该环节为（　　）。

A. 比例环节 　　　　B. 微分环节 　　　　C. 积分环节 　　　　D. 惯性环节

6. PID 校正器不包括以下（　　）环节。

A. 惯性 　　　　　　　B. 比例 　　　　　　　C. 微分 　　　　　　　D. 积分

7. 在系统分析中，一般习惯把（　　）及其以上系统称为高级系统。

A. 三阶　　　　　　B. 四阶　　　　　　C. 五阶　　　　　　D. 六阶

8. 欠阻尼系统的上升时间是（　　）。

A. 单位阶跃响应曲线第一次达到稳态值的 98%的时间

B. 单位阶跃响应曲线达到稳态值的时间

C. 单位阶跃响应曲线第一次达到稳态值的时间

D. 单位阶跃响应曲线达到稳态值的 98%的时间

9. 系统幅值裕量 $K_g$ 的定义是（　　）。

A. 开环奈奎斯特图上，奈奎斯特图与负实轴交点处幅值

B. 开环奈奎斯特图上，奈奎斯特图与正实轴交点处幅值

C. 开环奈奎斯特图上，奈奎斯特图与负实轴交点处幅值的倒数

D. 开环奈奎斯特图上，奈奎斯特图与正实轴交点处幅值的倒数

10. 如果系统开环传递函数的增益变小，系统的快递性（　　）。

A. 不变　　　　　　B. 变好　　　　　　C. 变差　　　　　　D. 不定

二、填空题（本大题共 10 小题，每空 1 分，共 20 分）

请将答案填写在答题卡的非选择题的答题区。错填、不填均无分。

11. 传递函数的定义是对于_____系统，在为_____零的条件下，系统_____的拉氏变换与输入量的拉氏变换之比。

12. 系统中各环节之间的联系归纳起来有串联、并联和_____。

13. 判别系统稳定性的出发点是系统特征方程的根都须为负实或_____，即系统的特征根都须全部在复平面的_____是系统稳定的充要条件。

14. 某系统传递函数为 $1/s^2$，在输入 $r(t) = 2\sin 3t$ 作用下，稳态输出响应的幅值为_____。

15. 奈奎斯特图上以原点为圆心的单位圆对应于伯德图上的_____线。

16. 响应是系统对正弦输入的稳态响应，频率特性包括幅频和_____两种特性。

17. 控制系统的基本要求主要有：_____、_____、_____。

18. 延迟时间 $t_d$ 规定为_____响应 $c(t)$ 第一次达到其稳态值的_____所需的时间。

19. 并联校正按校正环节的并联方式分为_____校正、_____校正和前馈校正。

20. 若按控制系统的微分方程进行分类，则可分为_____系统和_____系统。若根据微分方程的系数是否随时间变化，有可分为定常系统和_____系统。

三、简答题（本大题共 3 小题，每小题 10 分，共 30 分）

21. 典型二阶系统的传递函数是什么？解释其中的参量。

22. 系统稳态误差的定义是什么？其影响因素有哪些？

23. 简述串联相位超前校正、相位滞后校正的优缺点。

四、计算题（本大题共 2 小题，每小题 15 分，共 30 分）

24. 当系统处于静止平衡状态时，施加输入信号 $r(t) = 1 + t$，测得响应 $c(t) = t - 0.9e^{-10t} + 0.9$，试求系统传递函数。

25. 如题 25 图所示单位反馈系统，试根据劳斯判据确定使系统稳定的 $K$ 值范围。

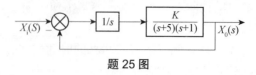

题 25 图

# B.2　参考答案及解析

**一、单项选择题（本大题共 10 小题，每小题 2 分，共 20 分）**

1. 【C】此题考查数学模型之传递函数。RC 电路是典型的一阶系统。

2. 【A】此题考查负反馈。如果反馈回去的信号（或作用）与原系统的输入信号（或作用）的方向相反（或相位相差 180°），则称为"负反馈"。

3. 【C】此题考查最小相位系统的灵活应用。若系统的开环传递函数的所有零点和极点均在 $s$ 平面的左半平面时，则该系统称为最小相位系统。A、B 和 D 项的极点均在 $s$ 平面的右半平面，不是最小相位系统。

4. 【B】此题考查线性系统稳定的决定因素。此题也可以采用排除法，A、C 和 D 项都不是决定性因素，均可排除。

5. 【C】此题考查典型环节的传递函数。$\dfrac{1}{Ts}$ 为积分环节的传递函数，此处 $T=1$。

6. 【A】此题考查 PID 校正器。比例环节 P，积分环节 I，微分环节 D。

7. 【A】此题考查高阶系统的概念。三阶或三阶以上的系统称为高阶系统。

8. 【C】此题考查欠阻尼系统的性能指标——上升时间。单位阶跃响应 $c(t)$ 第一次从稳态值的 10% 上升到 90%（通常用于过阻尼系统），或从 0 上升到 100% 所需的时间（通常用于欠阻尼系统），称为上升时间。

9. 【C】此题考查幅值裕量 $K_g$ 的定义。在开环奈奎斯特图上，奈奎斯特图与负实轴交点处幅值的倒数称为幅值裕量。

10. 【C】此题考查开环传递函数的增益对系统的快速性的影响，如果系统开环传递函数的增益变小，系统的快速性变差。

**二、填空题（本大题共 10 小题，每空 1 分，共 20 分）**

11. 答案：单输入-单输出线性定常，初始条件，输出量。此题考查传递函数的定义。传递函数的定义：对单输入-单输出线性定常系统，在初始条件为零的条件下，系统输出量与输入量的拉氏变换之比，称为系统的传递函数。

12. 答案：反馈联接。此题考查系统中各环节之间的联系。系统中各环节之间的联系归纳起来有串联、并联和反馈联接。

13. 答案：具有负实部的复数，左半平面。此题考查判别系统稳定性的出发点和系统稳定的充要条件。一个系统稳定的必要和充分条件是其特征方程的所有根都必须为负实数或为具有负实部的复数，也就是稳定系统的全部特征根 $s_i$ 均应在复平面的左半平面。

14. 答案：$\dfrac{2}{9}$。此题考查频率特性。在此题中系统传递函数为 $1/s^2$，在输入 $r(t)=2\sin 3t$ 作用下，稳态输出响应的幅值为 $B=A\left|G(\mathrm{j}\omega)\right|=2\left|\dfrac{1}{(\mathrm{j}\omega)^2}\right|=2\left|\dfrac{1}{(\mathrm{j}3)^2}\right|=\dfrac{2}{9}$。

15. 答案：0dB。此题考查频率特性的几何表示。奈奎斯特图上以原点为圆心的单位圆，其 $\left|G(\mathrm{j}\omega)\right|=1$，对应于伯德图上 $L(\omega)=20\lg\left|G(\mathrm{j}\omega)\right|=20\lg 1=0\mathrm{dB}$ 线。

16. 答案：频率，相频。此题考查频率响应的概念。频率响应是系统对正弦输入的稳态响应，系统的幅频特性和相频特性总称为系统的频率特性。

17. 答案：稳定性、快速性、准确性。此题考查对控制系统的基本要求。对控制系统的基本要求（即控制系统所需的基本性能）一般可归纳为稳定性、快速性、准确性。

18. 答案：单位阶跃，50%。此题考查瞬态响应的性能指标。延迟时间 $t_\mathrm{d}$：单位阶跃响应 $c(t)$ 第一次达到其稳态值的 50% 所需的时间，称为延迟时间。

19. 答案：反馈、顺馈。此题考查校正的方式。并联校正又可分为反馈校正、顺馈校正和前馈校正。

20. 答案：线性、非线性，时变。此题考查控制系统的分类方式。若按控制系统的微分方程进行分类，则可分为线性系统和非线性系统。根据微分方程的系数是否随时间变化，线性系统和非线性系统又分别有定常系统与时变系统之分。

**三、简答题（本大题共 3 小题，每小题 10 分，共 30 分）**

21. 答案：典型二阶系统的传递函数为 $\dfrac{\omega_\mathrm{n}^2}{s^2+2\xi\omega_\mathrm{n}s+\omega_\mathrm{n}^2}$，其中 $\xi$ 为阻尼比，$\omega_\mathrm{n}$ 为无阻尼固有频率。此题考查二阶系统的传递函数。

22. 答案：稳态误差是指，当时间趋于无穷大时，误差的时间响应 $e(t)$ 的输出量 $e_\mathrm{ss}$，即 $e_\mathrm{ss}=\lim\limits_{t\to\infty}e(t)$；影响系统稳态误差的因素主要有：系统的类型（型次）、开环增益、输入信号和干扰信号及系统的结构。此题考查系统稳态误差的概念及影响因素。

23. 答案：对于相位超前校正，其优点是加快系统的响应速度，提高系统相对稳定性；缺点是稳态精度变化不大。

对于相位滞后校正，其优点是提高系统稳态性能；缺点是降低系统响应速度。

**四、计算题（本大题共 2 小题，每小题 15 分，共 30 分）**

24. 解：$R(s)=\dfrac{1}{s}+\dfrac{1}{s^2}=\dfrac{s+1}{s^2}$

$C(s)=\dfrac{1}{s^2}-\dfrac{0.9}{s+10}+\dfrac{0.9}{s}=\dfrac{10(s+1)}{s^2(s+10)}$

$G(s)=\dfrac{C(s)}{R(s)}=\dfrac{10}{s+10}$

25. 解：$G(s)=\dfrac{K}{s(s+1)(s+5)+K}$

特征方程为

$$s(s+5)(s+1)+K=0$$

即，

$$s^3 + 6s^2 + 5s + K = 0$$

列写劳斯表：

$$
\begin{array}{c|cc}
s^3 & 1 & 5 \\
s^2 & 6 & K \\
s^1 & \dfrac{30-K}{6} & \\
s^0 & K &
\end{array}
$$

依劳斯判据，系统稳定时要求：

① $\dfrac{30-K}{6} > 0,$ 则$K < 30$；

② $K > 0,$ 则$K > 0$。

得 $0 < K < 30$。

# 附录 C

# 2014 年 4 月机械工程控制基础
# 真题和解析

## C.1 真题

**一、单项选择题（本大题共 5 小题，每小题 2 分，共 10 分）**

在每小题列出的四个备选项中只有一个是符合题目要求的，请将其选出并将答题卡的相应代码涂黑。错涂、多涂或未涂均无分。

1. 下列说法符合对线性系统描述的是（　　）。

A. 描述系统的数学模型可线性化　　　　　B. 能描述控制系统的特征

C. 能用微分方程农示的数学模型　　　　　D. 数学模型表达式是线性的

2. 二阶系统振荡的主要原因是（　　）。

A. 系统存在固有频率　　　　　　　　　　B. 系统存在欠阻尼

C. 上升时间太长　　　　　　　　　　　　D. 超调量过大

3. 速度误差是指在（　　）输入时系统在位置上的误差。

A. 单位脉冲　　　　B. 单位阶跃　　　　C. 单位斜坡　　　　D. 单位加速度

4. 有关系统类型哪种说法是正确的（　　）。

A. 取决于闭环系统中积分环节个数　　　　B. 取决于开环系统中积分环节个数

C. 取决于闭环系统中微分环节个数　　　　D. 取决于开环系统中微分环节个数

5. 若 $f(t)$ 的拉氏变换为 $F(s) = \dfrac{5(s+2)}{s(s+5)}$，则 $f(t)$ 的终值等于（　　）。

A. 2　　　　　　　B. 5　　　　　　　C. 0　　　　　　　D. ∞

**二、填空题（本大题共 8 小题，每空 2 分，共 20 分。请在每小题的空格中填上正确答案。错填、不填均无分。）**

6. 机械工程控制论的研究对象是_____。

7. 某控制系统的象函数 $G(s) = \dfrac{1}{s(s+4)}$，其原函数为_____。

8. 二阶系统瞬态响应中的 $M_p$，表征了机械工程控制系统二个基本要求中的_____。

9. 已知系统误差传递函数为 $E(s) = \dfrac{4s+1}{s(s+1)(5s+2)}$，则其稳态误差为_____。

10. 系统传递函数 $G(s) = \dfrac{1}{s(1+s)}$，则其幅频特性为_____。

11. 通常表征系统相对稳定性程度的指标是_____和_____。

12. 系统校正的实质是_____。

13. 已知象函数 $F(s)$，求原函数的方法有：查表法、有理函数法、_____、_____。

### 三、分析并回答下列问题（本大题共 5 小题，每小题 8 分，共 40 分）

14. 系统传递函数 $G(s) = \dfrac{10}{(s+5)(s+20)}$，用图标明极点位置，并说明哪个对系统的性能影响较大。

15. 已知系统的开环传递函数为 $G(s) = \dfrac{e^{-\tau s}}{s(s+1)(s+2)}$，试分析系统由哪些环节组成，影响系统稳定性的主要有哪些，如何影响？

16. 某最小相位系统的渐近伯德图如题所示，试估计系统的传递函数。

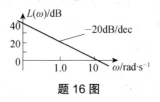

**题 16 图**

17. 已知系统的单位阶跃函数 $C(t) = \dfrac{1}{2}(2 - e^{-t})$，试确定系统的传递函数。

18. 简化图示方框图，求其传递函数。

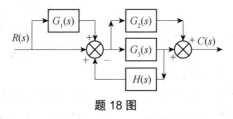

**题 18 图**

### 四、计算题（本大题共 3 小题，每小题 10 分，共 30 分）

19. 已知系统方框图如题图所示，当系统输入信号 $x_i(t) = \sin 2t$，试求系统的稳态输出。其中，$G(s) = \dfrac{1}{s+1}$，$H(s) = 1$。

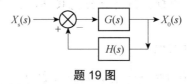

**题 19 图**

20. 求如题图所示的微分方程（其中，输入位移 $x_i$，输出位移 $x_0$）。

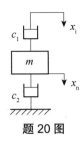

**题 20 图**

21. 判断单位负反馈系统是否稳定。其中前向传递函数 $G(s)=\dfrac{10(s+1)}{s(s-1)(s+5)}$。

# C.2　参考答案及解析

**一、单项选择题（本大题共 5 小题，每小题 2 分，共 10 分）**

1.【D】

2.【B】

3.【C】

4.【B】

5.【A】

3. ［解析］位置误差、速度误差、加速度误差，是指在单位阶跃、斜坡和加速度输入时系统在位置上的误差。

4. ［解析］在开环传递函数中，按系统拥有积分环节的个数（$\lambda$）将系统进行分类：$\lambda=0$，无积分环节，称为 0 型系统；$\lambda=1$，有一个积分环节，称为 I 型系统；$\lambda=2$，有两个积分环节，称为 II 型系统。

5. ［解析］根据终值定理可得 $\lim\limits_{t\to\infty}f(t)=\lim\limits_{s\to0}sF(s)=\lim\limits_{s\to0}\dfrac{5s(s+2)}{s(s+5)}=\lim\limits_{s\to0}\dfrac{5(s+2)}{s+5}=2$。

**二、填空题（本大题共 8 小题，每空 2 分，共 20 分）**

6. 以机械工程技术为对象的控制论问题

7. $f(t)=\dfrac{1}{4}(1-\mathrm{e}^{-4t})$

8. 稳定性

9. $e_{ss}=\dfrac{1}{2}$

10. $|G(\mathrm{j}\omega)|=\dfrac{1}{\omega\sqrt{1+\omega^2}}$

11. 相位裕量，幅值裕量

12. 改变系统的零点和极点分布，达到改变系统性能的目的

13. 部分分式法 MatLab 函数

7. ［解析］$F(s)$ 的原函数 $f(t)=L^{-1}[F(s)]=L^{-1}\left[\dfrac{1}{s(s+4)}\right]=L^{-1}\left[\dfrac{1}{4}\left(\dfrac{1}{s}-\dfrac{1}{s+4}\right)\right]=\dfrac{1}{4}(1-\mathrm{e}^{-4t})$。

9. ［解析］系统的稳压误差 $e_{ss} = \lim\limits_{t \to \infty} e(t) = \lim\limits_{s \to 0} sE(s) = \lim\limits_{s \to 0} \dfrac{s(4s+1)}{s(s+1)(5s+2)} =$

$\lim\limits_{s \to 0} \dfrac{4s+1}{(s+1)(5s+2)}$ 。

10. ［解析］由传递函数 $G(s) = \dfrac{1}{s(s+1)}$ ，可求得频率特性 $G(j\omega) = \dfrac{1}{j\omega(j\omega+1)}$ ，幅频特

性 $|G(j\omega)| = \left| \dfrac{1}{j\omega(j\omega+1)} \right| = \dfrac{1}{\omega\sqrt{1+\omega^2}}$ 。

## 三、分析并回答下列问题（本大题共 5 小题，每小题 8 分，共 40 分）

14.

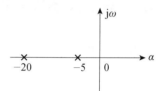

影响较大的是 $s = -5$ ，因其为主导极点。

15.

（1）系统由一个延迟环节、一个积分环节和两个惯性环节组成。

（2）影响系统稳定性的主要因素是延迟环节的 $\tau$ 值。

（3） $\tau$ 值愈大，系统的稳定性愈差。

16. 由图可知，该系统应由比例环节和积分环节组成。 $20\lg K = 20$

$K = 10$ ，故其传递函数 $G(s) = \dfrac{10}{s}$ 。

17. 由题设输入系统的象函数为

$$R(s) = \frac{1}{s}$$

输出象函数为

$$C(s) = \frac{1}{s} - \frac{1}{2(s+1)} = \frac{s+2}{2s(s+1)}$$

故其传递函数为

$$G(s) = \frac{C(s)}{R(s)} = \frac{s+2}{2(s+1)}$$

18.

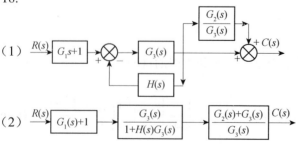

（3）系统传递函数 $G(s) = \dfrac{C(s)}{R(s)} = \dfrac{[1+G_1(s)][G_2(s)+G_3(s)]}{1+G_3(s)H(s)}$。

**四、计算题（本大题共 3 小题，每小题 10 分，共 30 分）**

19. 系统的闭环传递函数 $G_B(s) = \dfrac{X_0(s)}{X_i(s)} = \dfrac{G(s)}{1+G(s)H(s)} = \dfrac{1}{s+2}$

输入频率 $\omega = 2$，则

$$G_B(j\omega) = \frac{1}{j\omega + 2}$$

$$|G(j\omega)| = \frac{1}{\sqrt{2^2 + \omega^2}} = \frac{1}{2\sqrt{2}}$$

$$\angle G_B(j\omega) = -\arctan\frac{\omega}{2} = -\arctan 1 = -45°$$

系统的稳态输出：

$$x_0(t) = \frac{1}{2\sqrt{2}}\sin(2t - 45°)$$

20. 由达朗贝尔原理：

$$c_1(\dot{x}_i - \dot{x}_0) - c_2\dot{x}_0 = m\ddot{x}_0$$

整理得

$$m\ddot{x}_0 + (c_1 + c_2)\dot{x}_0 = c_1\dot{x}_i$$

21. 系统闭环传递函数为

$$G_B(s) = \frac{G(s)}{1+G(s)H(s)} = \frac{10s+10}{s^3 + 4s^2 + 5s + 10}$$

特征方程为

$$s^3 + 4s^2 + 5s + 10 = 0$$

劳斯数列：

$$
\begin{array}{c|cc}
s^3 & 1 & 5 \\
s^2 & 4 & 10 \\
s & 2.5 & \\
s^0 & 10 &
\end{array}
$$

由劳斯数列知，系统稳定。

# 附录 D

# 2014 年 10 月机械工程控制基础真题和解析

## D.1 真题

**一、单项选择题（本大题共 10 小题，每小题 2 分，共 20 分）**

在每小题列出的四个备选项中只有一个是符合题目要求的，请将其选出并将答题卡的相应代码涂黑。错涂、多涂或未涂均无分。

1. 以下系统属于程序控制系统的是（    ）。

   A. 恒温炉的控制
   B. 火炮自动瞄准系统
   C. 洲际弹道导弹的飞行
   D. 机器人足球的比赛

2. 已知原函数 $f(t) = 5 + 3t - 2e^{-2t}$，则其拉氏变换 $F(s) = $（    ）。

   A. $\dfrac{5}{s} + \dfrac{3}{s^2} + \dfrac{2}{s+2}$
   B. $\dfrac{5}{s} + \dfrac{3}{s^2} - \dfrac{2}{s-2}$
   C. $\dfrac{5}{s} + \dfrac{3}{s^2} + \dfrac{2}{s-2}$
   D. $\dfrac{5}{s} + \dfrac{3}{s^2} - \dfrac{2}{s+2}$

3. 以下元件不属于开环控制系统的是（    ）。

   A. 给定元件
   B. 测量元件
   C. 执行元件
   D. 被控对象

4. 二阶系统的传递函数为 $\dfrac{1}{9s^2 + 18s + 1}$，则其无阻尼振荡频率 $\omega_n$ 和阻尼比为（    ）。

   A. 3，1
   B. $\dfrac{1}{3}$，1
   C. 3，3
   D. $\dfrac{1}{3}$，3

5. 某控制系统结构图如下，则该系统的闭环传递函数为（    ）。

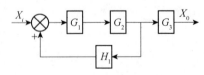

A. $G_B(s) = \dfrac{G_1 G_2 G_3}{1 + G_1 G_2 G_3 H_1}$    B. $G_B(s) = \dfrac{G_1 G_2 G_3}{1 - G_1 G_2 G_3 H_1}$

C. $G_B(s) = \dfrac{G_1 G_2 G_3}{1 + G_1 G_2 H_1}$    D. $G_B(s) = \dfrac{G_1 G_2 G_3}{1 - G_1 G_2 H_1}$

6. 某单位负反馈控制系统的开环传递函数为 $G(s) = \dfrac{5}{s(s+2)}$，则闭环系统为（      ）。

A. 0 型系统        B. Ⅰ型系统        C. Ⅱ型系统        D. Ⅲ型系统

7. 高阶系统中距离虚轴最近的主导极点对应的动态响应分量衰减（      ）。

A. 最慢        B. 不一定

C. 最快        D. 与其他参数有关

8. 频率响应是系统对正弦输入的稳态响应，其（      ）研究系统的动态特性。

A. 不能        B. 不确定

C. 能        D. 与其他参数有关

9. 以下性能指标中可以表征系统相对稳定性好坏的是（      ）。

A. 谐振峰值        B. 谐振频率        C. 截止频率        D. 频宽

10. 以下不属于相位超前校正特点的是（      ）。

A. 提高系统响应速度        B. 提高系统相对稳定性

C. 具有正相角特性        D. 改善系统稳态性能

二、填空题（本大题共 10 小题，每小题 2 分，共 20 分）

11. 把一个系统的输出信号不断直接地或经过中间变换后全部或部分地返回到输入端，再输入到系统中去，称之为_____。

12. 当输入与输出已知而系统结构参数未知时，要求确定系统的结构与参数，即建立系统数学模型，此类问题为_____。

13. 已知 $F(s) = 1 - \dfrac{2}{s^2 + 1}$，则其拉氏反变换 $f(t) = $_____。

14. 传递函数是线性定常系统在_____条件下输出量与输入量的拉氏变换之比。

15. 传递函数的表达式为 $\dfrac{0.1s + 1}{s^2 - 0.1s - 0.06}$，则具有负实部或为负数的极点的个数为_____。

16. 若线性定常系统在单位阶跃输入作用下，其输出为 $y(t) = 1 - e^{-2t}$，则系统传递函数为_____。

17. 已知系统闭环传递函数为 $G(s) = \dfrac{25}{s^2 + 5s + 25}$，则系统单位阶跃响应的超调量 $M_p = $_____。

18. 振荡环节奈奎斯特图与负虚轴交点处的频率表示_____。

19. 对最小相位系统而言，系统稳定时，相位裕量和幅值裕量均_____零。

20. 按校正系统在原系统中并联的方式，并联校正又可分为反馈校正、顺馈校正和_____。

## 三、简答题（本大题共 5 小题，每小题 6 分，共 30 分）

21. 机械工程控制论的研究对象是什么？

22. 简述非线性系统的定义及其线性化方法。

23. 简述时间响应及其组成部分的含义。

24. 采用对数坐标图表示频率特性有哪些优点？

25. PID 校正相对于串联校正、反馈校正的特点有哪些？试分析之。

## 四、分析计算题（本大题共 3 小题，每小题 10 分，共 30 分）

26. 如图所示机械运动系统，输入位移 $x_i$，输出位移 $x_0$，求传递函数 $G(s)$。

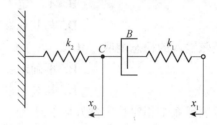

27. 单位反馈系统的开环传递函数为 $G(s) = \dfrac{K}{s(s+2)}$，输入为斜坡函数，试求当系统的稳态误差 $e_{ss} = 0.01$ 时的 $K$ 值。

28. 控制系统如图所示，试用劳斯判据判定系统稳定性。

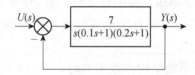

# D.2　参考答案及解析

## 一、单项选择题（本大题共 10 小题，每小题 2 分，共 20 分）

| | | | | |
|---|---|---|---|---|
| 1.【C】 | 2.【D】 | 3.【B】 | 4.【D】 | 5.【D】 |
| 6.【B】 | 7.【A】 | 8.【C】 | 9.【A】 | 10.【D】 |

2. ［解析］由题意可知拉氏变换 $F(s) = L[f(t)] = L[5 + 3t - 2\mathrm{e}^{-2t}] = \dfrac{5}{s} + \dfrac{3}{s^2} - \dfrac{2}{s+2}$。

4. ［解析］将传递函数转换成典型二阶系统的形式，由题意可得 $G(s) = \dfrac{1}{9s^2 + 18s + 25} = \dfrac{1/9}{s^2 + 2s + 1/9}$，则 $\omega_n^2 = \dfrac{1}{9}$，$2\zeta\omega_n = 2$，由此可得 $\omega_n = \dfrac{1}{3}$，$\zeta = 3$。

5. ［解析］由图可得闭环传递函数 $G_B(s) = \dfrac{G_1 G_2}{1 - G_1 G_2 H_1} G_3 = \dfrac{G_1 G_2 G_3}{1 - G_1 G_2 H_1}$。

6. ［解析］系统的类型取决于开环系统中积分环节个数，该系统的开环传递函数为

$G_B(s) = \dfrac{5}{s(s+2)}$，有一个积分环节，故为 I 型系统。

7. [解析] 在高阶系统中，距虚轴最近的主导极点对应的动态响应分量衰减最慢，在决定过渡过程形式方面起主导作用。

9. [解析] 一个系统谐振峰值的大小表征了系统相对稳定性的好坏。一般来说，谐振峰值越大，则该系统瞬态响应的超调量 $M_p$ 也大，表明系统的阻尼小，相对稳定性差。

## 二、填空题（本大题共 10 小题，每空 2 分，共 20 分）

11. 反馈/信息的反馈

12. 系统辨识

13. $\delta(t) - 2\sin t$

14. 零初始

15. 1

16. $\dfrac{2}{s+2}$

17. 16.3%

18. 无阻尼固有频率

19. 大于

20. 前馈校正

13. [解析] $f(t) = L^{-1}[F(s)] = L^{-1}[1 - \dfrac{2}{s^2+1}] = L^{-1}[1] - 2L^{-1}[\dfrac{1}{s^2+1}] = \delta(t) - 2\sin t$。

15. [解析] 传递函数 $\dfrac{0.1s+1}{s^2 - 0.1s - 0.06} = \dfrac{0.1s+1}{(s+0.2)(s-0.3)}$，由此可见，该传递函数具有 1 个负数的极点。

16. [解析] 当输入为单位阶跃响应，则 $R(s) = \dfrac{1}{s}$；输出 $y(t) = 1 - \mathrm{e}^{-2t}$，则 $Y(s) = \dfrac{1}{s} - \dfrac{1}{s+2} = \dfrac{2}{s(s+2)}$，则系统传递函数为 $\dfrac{Y(s)}{R(s)} = \dfrac{2}{s+2}$。

17. [解析] 由闭环传递函教 $G(s) = \dfrac{25}{s^2 + 5s + 25}$ 可得 $\omega_n = 5$，$\zeta = 0.5$，则 $M_p = \mathrm{e}^{-\frac{\zeta\pi}{\sqrt{1-\zeta^2}}} = \mathrm{e}^{-\frac{0.5\pi}{\sqrt{1-0.5^2}}} \approx 0.163 = 16.3\%$。

## 三、简答题（本大题共 5 小题，每小题 6 分，共 30 分）

21. 机械工程控制论是研究以机械工程技术为对象的控制论问题。（2 分）具体地讲，是研究在这一工程领域中广义系统的动力学问题，（2 分）即研究系统在一定的外界条件作用下，系统从某一初始状态出发，所经历的整个动态过程，（1 分）也就是研究系统及其输入、输出三者之间的动态关系。（1 分）

22. 用非线性方程描述的系统称为非线性系统。（3 分）线性化方法是指在工作点附近，将非线性函数用泰勒级数展开，并取一次近似。（3 分）

23. 机械工程系统在外加作用激励下，其输出量随时间变化的函数关系称之为系统的时间响应。（3分）任意系统的时间响应都是由瞬态响应和稳态响应两部分组成。（1分）当系统受到外加作用激励后，从初始状态到最后状态的响应过程称为瞬态响应。（1分）当时间趋于无穷大时，系统的输出状态称为稳态响应。（1分）

24. 采用对数坐标图表示频率特性的主要优点有：

（1）可以将幅值相乘转化为幅值相加，便于绘制多个环节串联组成的系统的对数频率特性图。（2分）

（2）可采用渐近线近似的作图方法绘制对数幅频图，简单方便。尤其是在控制系统设计、校正及系统辨识等方面，优点更为突出。（2分）

（3）对数分度有效地扩展了频率范围，尤其是低频段的扩展，对于机械系统的分析是有利的。（2分）

25. PID 校正与串联校正、反馈校正相比有如下特点：

（1）对被控对象的模型要求低，甚至在系统的模型完全未知的情况下，也能进行校正。（2分）

（2）校正方便。（1分）在 PID 校正器中，其比例、积分、微分的校正作用相互独立，最后以求和的形式出现，可任意改变其中的某一校正规律，大大增加了使用的灵活性。（1分）

（3）适用范围广。（1分）采用一般的校正装置，当原系统参数变化时，系统的性能产生很大变化，而 PID 校正器的适用范围要广得多，在一定的变化区间中，仍有较好的校正效果。（1分）

**四、分析计算题（本大题共 3 小题，每小题 10 分，共 30 分）**

26. 按牛顿定律列力学方程：

$$\begin{cases} k_1(x_i - x) + B\left(\dfrac{\mathrm{d}x_0}{\mathrm{d}t} - \dfrac{\mathrm{d}x}{\mathrm{d}t}\right) = 0 \\[2mm] -k_2 x_0 + B\left(\dfrac{\mathrm{d}x}{\mathrm{d}t} - \dfrac{\mathrm{d}x_0}{\mathrm{d}t}\right) = 0 \end{cases} \quad (4 \text{分})$$

整理，消去中间变量可得系统的微分方程为

$$B\left(1 + \frac{k_2}{k_1}\right)\frac{\mathrm{d}x_0}{\mathrm{d}t} + k_2 x_0 = B\frac{\mathrm{d}x_i}{\mathrm{d}t} \quad (3 \text{分})$$

在零初始条件下进行拉氏变换得

$$G(s) = \frac{X_0(s)}{X_i(s)} = \frac{Bs}{B\left(1 + \dfrac{k_2}{k_1}\right)s + k_2} \quad (2 \text{分})$$

27. 对于单位反馈系统，其稳态误差计算采用误差系数法，将系统的开环传递函数化为常数为 1 的各因式乘积形式，则有

$$G(s) = \frac{K/2}{s(s/2 + 1)} \quad (3 \text{分})$$

系统为 I 型系统，其开环增益为 $K/2$。（2分）

当输入斜坡函数时，系统的稳态误差为

$$e_{ss} \doteq \frac{1}{K/2} = \frac{2}{K} = 0.01 \quad （3 分）$$

解得 $K = 200$ 。（2 分）

28. 闭环传递函数为

$$G(s) = \frac{350}{s(s+5)(s+10)+350} \quad （2 分）$$

特征方程为

$$s^3 + 15s^2 + 50s + 350 = 0 \quad （2 分）$$

劳斯数列为

$$
\begin{array}{c|cc}
s^3 & 1 & 50 \\
s^2 & 15 & 350 \\
s^1 & 26.67 & \\
s & 350 &
\end{array}
\quad （4 分）
$$

第一列元素均大于 0，系统稳定。（2 分）

# 附录 E

# 2015 年 4 月机械工程控制基础
# 真题和解析

## E.1 真题

**一、单项选择题**（本大题共 10 小题，每小题 2 分，共 20 分）

在每小题列出的四个备选项中只有一个是符合题目要求的，请将其选出并将"答题卡"的相应代码涂黑。未涂、错涂或多涂均无分。

1. 在直流电机的电枢回路中，以电流为输出，电压为输入，两者之间的传递函数是_____。

    A. 微分环节        B. 积分环节        C. 惯性环节        D. 比例环节

2. 如果系统不稳定，则系统_____。

    A. 可以工作，但稳态误差很大        B. 可以工作，但过渡过程时间很长

    C. 不能工作        D. 可以正常工作

3. PI 调节器是一种_____校正装置。

    A. 相位滞后—超前    B. 相位超前—滞后    C. 相位超前        D. 相位滞后

4. 自动控制系统的反馈环节中必须具有_____。

    A. 检测元件        B. 执行元件        C. 放大元件        D. 给定元件

5. 在阶跃函数输入作用下，阻尼比_____的二阶系统，其响应具有减幅振荡特性。

    A. $X(s)$        B. $G_1(s)$        C. $Y_1(s)$        D. $\xi = 0$

6. 若 $f(t) = te^{-3t}$ ，则 $L[f(t)] =$ _____。

    A. $\dfrac{1}{s+3}$        B. $\dfrac{1}{(s+3)^2}$        C. $\dfrac{1}{s-2}$        D. $\dfrac{1}{(s-3)^2}$

7. 若自控系统微分方程的特征根在复平面上的位置在右半平面，那么系统为_____系统。

    A. 不确定        B. 稳定        C. 稳定边界        D. 不稳定

8. 已知系统的特征方程为 $S^3 + S^2 + Is + 5 = 0$，则系统稳定的 $I$ 值范围为_____。

A. $I>0$          B. $I<0$          C. $I>5$          D. $0<I<5$

9. 系统方框图如图所示，则系统的开环传递函数为_____。

$$\boxed{\dfrac{10}{5s+1}\ \boxed{2s}}$$

A. $\dfrac{10}{5s+1}$      B. $\dfrac{20s}{5s+1}$      C. $\dfrac{10}{2s(5s+1)}$      D. $2s$

10. 系统传递函数为 $G(s)=\dfrac{K}{Ts+1}$，则系统时间响应的快速性_____。

A. 与 $T$ 有关               B. 与 $K$ 和 $T$ 有关

C. 与 $K$ 有关               D. 与输入信号大小有关

**二、填空题（本大题共 10 空，每空 2 分，共 20 分）**

请在答题卡上作答。

11. 瞬态响应是系统受到外加作用激励后，从_____状态到_____状态的响应过程。

12. I 型系统 $G(s)=\dfrac{k}{s(s+2)}$，在单位阶跃输入下，稳态误差为_____，在单位加速度输入下，稳态误差为_____。

13. 二阶系统在阶跃信号作用下，其调整时间 $t$ 与阻尼比、_____和_____有关。

14. 极坐标图（Nyquist）与对数坐标图（Bode）之间对应关系为：极坐标图上的单位圆对应于 Bode 图上的_____，极坐标图上的负实轴对应于 Bode 图上的_____。

15. 系统传递函数只与_____有关，与_____无关。

**三、简答题（本大题共 5 小题，每小题 6 分，共 30 分）**

请在答题卡上作答。

16. 简述串联相位超前校正的特点。

17. 简述系统稳定性的定义。

18. 什么是外加反馈？为什么要进行反馈控制？

19. 试写出静态误差 $K_p$，$K_v$，$K_a$ 的定义。

20. 简述相位裕量 $Y(s)$ 的定义和计算公式。

**四、计算题（本大题共 2 小题，每小题 15 分，共 30 分）**

请在答题卡上作答。

21. 求图示两个系统的传递函数。

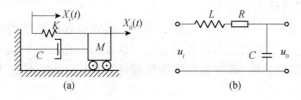

(a)                             (b)

22. 试判别具有下列传递函数的系统是否稳定。其中 $G(s)$ 为系统前向通道传递函数，$H(s)$ 为系统的反馈函数。

$$G(s) = \frac{10(s+1)}{s(s-1)(s+5)}, \quad H(s) = 1$$

# E.2 参考答案及解析

**一、单项选择题（本大题共 10 小题，每小题 2 分，共 20 分）**

1.【D】此题考查传递函数的定义以及典型环节的传递函数。传递函数的定义：对单输入-单输出线性定常系统，在初始条件为零的条件下，系统输出量与输入量的拉氏变换之比，称为系统的传递函数。

2.【C】此题考查稳定性的定义。稳定性是系统正常工作的首要条件。

3.【D】此题考查 PI 调节器的特点。PI 调节器类似于相位滞后校正环节。

4.【A】此题考查反馈系统的特点。通过检测装置检测信号再反馈。

5.【A】此题考查不同阻尼比作用下二阶系统的时间响应特点。

6.【B】此题考查函数的拉氏变换。

7.【D】此题考查系统稳定的充分必要条件。一个系统稳定的充分必要条件是其特征方程的所有根都位于复平面的左半平面。

8.【C】此题考查劳斯判据的应用。特征方程式的各项系数大于零，所列劳斯表中的第一列元素大于零，系统稳定，由此得出 $I$ 的取值范围。

9.【B】此题考查开环传递函数的定义。

10.【A】此题考查一阶系统的时间常数 $T$ 的特征。时间常数 $T$ 表征了系统过渡过程的品质，其值越小，响应越快。

**二、填空题（本大题共 10 空，每空 2 分，共 20 分）**

11. 答案：初始，最终。此题考查瞬态响应的定义。

12. 答案：0，∞。此题考查不同输入信号作用下系统的稳态误差为多少。

13. 答案：误差带，无阻尼固有频率。此题考查二阶系统的调节时间的计算公式。

14. 答案：0 分贝线，−180°线。此题考查开环奈氏图与伯德图的对应关系。

15. 答案：本身的参数和结构，输入。此题考查传递函数的特点。

**三、简答题（本大题共 5 小题，每小题 6 分，共 30 分）**

16. 答：（1）增加相位裕量，提高稳定性；

（2）增加幅值穿越频率，提高快速性；

（3）增加高频增益，抗干扰能力下降。

此题考查串联超前校正的特点。

17. 答：稳定性是指系统在初始状态作用下，由它引起的系统的时间响应随着时间的推移，逐渐衰减并趋向于零的能力。若随着时间的推移，系统能回到平衡位置，则系统是稳定的；若随着时间的推移，系统偏离平衡位置越来越远，则系统是不稳定的。

此题考查稳定性的定义。

18. 答：外加反馈是指人们为了达到一定目的，有意加入的反馈。闭环系统的工作是基于系统的实际输出与参考输入之间的偏差上的，在系统存在扰动作用下，偏差就会出现，进行适当的反馈正好能检测这种偏差，并力图减小它，使其最终为 0。

此题反馈的概念及作用。

19. 答：$K_p$，$K_v$，$K_a$ 分别代表了控制系统中，对于阶跃输入、斜坡输入、抛物线输入的响应、消除或减小稳态误差的能力。

此题考查静态误差的定义。

20. 答：在开环奈氏图上，从原点到奈氏图与单位圆的交点连一直线，该直线与负实轴的夹角，就是相位裕量，表示为 $r = 180° + \varphi(w_c)$。

此题考查相位裕量的定义及计算公式。

**四、计算题（本大题共 2 小题，每小题 15 分，共 30 分）**

21. 解：由图（a）可得动力学方程：

$$k[x_i(t) - x_0(t)] = m\ddot{x}_0(t) + c\dot{x}_0(t)$$

方程两边作拉氏变换：

$$k[X_i(s) - X_0(s)] = ms^2 X_0(s) + csX_0(s)$$

则传递函数为

$$G(s) = \frac{X_0(s)}{X_i(s)} = \frac{k}{ms^2 + cs + k}$$

由（b）图，设电网中电流为 $i$，可得方程为

$$U_i = Ri + L\frac{di}{dt} + \frac{1}{C}\int i dt$$

$$U_0 = \frac{1}{C}\int i dt$$

作拉氏变换：

$$U_i(s) = RI(s) + LsI(s) + \frac{1}{Cs}I(s)$$

$$U_0(s) = \frac{1}{Cs}I(s)$$

消除中间变量：

$$G(s) = \frac{U_0(s)}{U_i(s)} = \frac{1}{LCs^2 + RCs + 1}$$

22. 解：$\varphi(s) = \dfrac{G(s)}{1 + G(s)H(s)} = \dfrac{10(s+1)}{s^3 + 4s^2 + 5s + 10}$

特征方程式：

$$s^3 + 4s^2 + 5s + 10 = 0$$

劳斯表如下：

| | | |
|---|---|---|
| s3 | 1 | 5 |
| s2 | 4 | 10 |
| s1 | 2.5 | |
| s0 | 10 | |

第一列元素符号均大于零，系统稳定。

# 附录 F

# 2015 年 10 月机械工程控制基础
# 真题和解析

## F.1　真题

**一、单项选择题（本大题共 10 小题，每小题 2 分，共 20 分）**

在每小题列出的四个备选项中只有一个是符合题目要求的，请将其选出并将答题纸的相应代码涂黑。错涂、多涂或未涂均无分。

1. 机械工程控制论的研究对象是（　　）。

A. 机床传动系统的控制论问题　　　　　B. 高精度加工机床的控制论问题

C. 机床进给系统的控制论问题　　　　　D. 机械工程技术中的控制论问题

2. 已知 $f(t)=0.2t+1$，则 $L[f(t)]=$（　　）。

A. $0.5s^2+s$　　　　B. $\dfrac{s^2}{5}+s$　　　　C. $\dfrac{1}{5s^2}+\dfrac{1}{s}$　　　　D. $\dfrac{0.5}{s^2}+\dfrac{1}{s}$

3. 某典型系统的传递函数为 $G(s)=s$，它是（　　）。

A. 比例环节　　　　B. 积分环节　　　　C. 微分环节　　　　D. 惯性环节

4. 系统的静态位置误差系数 $K_p$ 定义为（　　）。

A. $\lim\limits_{s\to\infty}s\cdot G(s)H(s)$　　　　　　　　B. $\lim\limits_{s\to0}s\cdot G(s)\cdot H(s)$

C. $\lim\limits_{s\to\infty}G(s)H(s)$　　　　　　　　D. $\lim\limits_{s\to0}G(s)H(s)$

5. 已知系统传递函数为 $G(s)=\dfrac{0.1s+1}{3s^2}$，则频率特性的相位 $\varphi$ 为（　　）。

A. $\arctan\left(\dfrac{k}{\omega}\right)+180°$　　　　　　　　B. $\arctan\left(\dfrac{10}{\omega}\right)-180°$

C. $\arctan(0.1\omega)-180°$　　　　　　　　D. $\arctan(0.1\omega)+180°$

6. 系统类型 $G(s)=K$，开环增益 $\varphi(\omega)=0$ 对系统稳态误差的影响为（　　）。

A. 系统类型 $\lambda$ 越高，开环增益 $K$ 越大，系统稳态误差越小

B. 系统类型 $\lambda$ 越低，开环增益 $K$ 越大，系统稳态误差越小

C. 系统类型 $\lambda$ 越高，开环增益 $K$ 越小，系统稳态误差越小

D. 系统类型 $\lambda$ 越低，开环增益 $K$ 越小，系统稳态误差越小

7. 系统方框图如图所示，该系统的开环传递函数为（　　　　）。

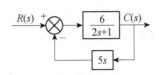

A. $\dfrac{6}{2s+1}$　　　　　　B. $\dfrac{30s}{2s+1}$　　　　　　C. $\dfrac{6}{32s+1}$　　　　　　D. $5s$

8. 奈奎斯特图与伯德图的关系是（　　　　）。

A. 奈奎斯特图上的单位圆相当于伯德图上的-20 分贝线

B. 奈奎斯特图上的单位圆相当于伯德图上的+20 分贝线

C. 奈奎斯特图上的单位圆相当于伯德图上的零分贝线

D. 奈奎斯特图上的单位圆相当于伯德图上的+1 分贝线

9. 以下频域性能指标中根据开环系统来定义的是（　　　　）。

A. 截止频率 $\omega_b$

B. 谐振频率 $\omega_r$ 与谐振频率 $m_r$

C. 频带宽度

D. 相对裕量 $\gamma$ 与幅值裕量 $K_g$

10. 奈奎斯特判据应用于控制系统稳定性判断时是针对（　　　　）。

A. 闭环系统的传递函数　　　　　　　　　　B. 开环系统的传递函数

C. 闭环系统中的传递函数的特征方程　　　　D. 闭环系统的特征方程

## 二、填空题（本大题共 10 小题，每小题 2 分，共 20 分）

注意事项：用黑色字迹的签字笔或钢笔将答案写在答题纸上，不能写在试题卷上。

11. Ⅱ型系统对数幅频曲线在低频段是条斜率为_____的直线。

12. 某系统传递函数为 $G(s)=\dfrac{k}{T_2 s+T_1}$，则其转角频率为_____。

13. 一阶系统的_____是重要的特征参数，其值越小，则系统响应越快。

14. 控制系统的基本要求一般可归纳为稳定性，快速性和_____。

15. 函数 $e^{-t}-te^{-2t}$ 拉氏变换式为_____。

16. 二阶系统的传递函数为 $\dfrac{5}{2s^2+2s+32}$，其阻尼比为_____。

17. 任意系统的时间响应都是由_____和稳态响应组成的。

18. 判断系统稳定的必要和充分条件是系统特征方程的根全部具有_____。

19. 在工程中通常采用的校正方式有三种，分别是：串联校正、并联校正和_____。

20. 当相位裕量 $\gamma > 0°$，幅值裕量 $K_g > 0(dB)$，系统是稳定的，是对于_____系统而言的。

## 三、简答题（本大题共 5 小题，每小题 6 分，共 30 分）

21. 什么是开环控制系统？

22. 什么是线性时变系统？

23. 瞬态响应性能指标中，延迟时间的含义是什么？

24. 频率特性极坐标图的主要优点是什么？

25. 什么是相位裕量？

## 四、计算题（本大题共 2 小题，每小题 15 分，共 30 分）

26. 求图中所示系统的传递函数，其中 $x(t)$ 为输入，$y(t)$ 为输出。

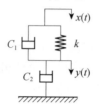

27. 系统特征方程为 $s^3 + 15s^2 + 50s + 500 = 0$，应用劳斯稳定判据确定系统是否稳定。

# F.2 参考答案及解析

## 一、单项选择题（本大题共 10 小题，每小题 2 分，共 20 分）

1.【D】此题考查机械工程控制论的研究对象。机械工程控制论是研究以机械工程技术为对象的控制论问题。

2.【C】。

3.【C】。

4.【D】此题考查静态位置误差系数的定义。

5.【A】此题考查频率特性的相位求解，$G(s) = \dfrac{1 + 0.1j\omega}{3(j\omega)^2}$，$\varphi = \arctan 0.1\omega - 90° - 90°$。

6.【A】此题考查开环增益对系统的影响。

7.【B】此题考查系统的开环传递函数。

8.【C】此题考查奈奎斯特图和伯德图的关系。

9.【D】此题考查闭环传递函数的性能指标，前三项均为闭环传递函数性能指标。

10.【A】此题考查奈奎斯特稳定性判据。

## 二、填空题（本大题共 10 空，每空 2 分，共 20 分）

11. 答案：-40。此题考查 $|G(j\omega)| = \omega$ 型系统在伯德图低频段的斜率。

12. 答案：$T_1\big/T_2$。此题一阶惯性环节的转角频率。

13. 答案：时间常数 $T$。此题考查一阶系统的时间常数 $T$ 对系统的影响。

14. 答案：准确性。此题考查控制系统的基本要求。

15. 答案：$\dfrac{1}{s+1} + \dfrac{1}{(s+1)^2}$。此题考查典型时间函数的拉氏变换。

16. 答案：$\dfrac{1}{8}$。此题考查阻尼比的求法，$\omega_n^2 = 16$，$\omega_n = 4$，$2\zeta\omega_n = 1$，$\zeta = \dfrac{1}{8}$。

17. 答案：瞬态响应。此题考查时间响应的组成。

18. 答案：负实部。此题考查系统稳定性的充要条件。

19. 答案：PID 校正器。此题考查校正的方式。

20. 答案：最小相位系统。此题考查最小相位系统稳定与相位裕量和幅值裕量的关系。

## 三、简答题（本大题共 5 小题，每小题 6 分，共 30 分）

21. 答：系统的输出量对系统无控制作用，或者说系统中没有一个环节的输入受到系统输出的反馈作用，称为开环控制系统。

此题考查开环控制系统的定义。

22. 答：线性系统特征方程的系数随时间发生变换，称为线性时变系统。

此题考查线性时变系统的定义。

23. 答：单位阶跃响应 $c(t)$ 第一次达到其稳态值 50% 的所需的时间，称为延迟时间。此题考查延迟时间的定义。

24. 答：采用极坐标图的主要优点是能在一张图上表示出整个频率域中系统的频率特性，在对系统进行稳定性分析及系统校正时，应用极坐标图较方便。

此题考查极坐标图的优点。

25. 答：在开环奈氏图上，从原点到奈氏图与单位圆的交点连一直线，该直线与负实轴的夹角，就是相位裕量。

此题考查相位裕量的定义及计算公式。

## 四、计算题（本大题共 2 小题，每小题 15 分，共 30 分）

26. 解：由可得动力学方程

$$-C_2 \dot{y}(t) - C_1[\dot{y}(t) - \dot{x}(t)] - k[y(t) - x(t)] = 0$$
$$(C_1 + C_2)\dot{y}(t) + ky(t) = C_1(t) + kx(t)$$
$$\frac{Y(s)}{X(s)} = \frac{C_1 s + k}{(C_1 + C_2)s + k}$$

27. 解：

特征方程式

$$s^3 + 15s^2 + 50s + 500 = 0$$

劳斯表如下

| | | |
|---|---|---|
| s3 | 1 | 50 |
| s2 | 15 | 500 |
| s1 | $\dfrac{50}{3}$ | 2.5 |
| s0 | 500 | |

第一列元素符号均大于零，无符号改变，系统稳定。

# 参考文献

[1] 董霞，李天石，陈康宁. 机械工程控制基础 [M]. 北京：机械工业出版社，2012.

[2] 董霞，陈康宁，李天石. 机械控制理论基础 [M]. 西安：西安交通大学出版社，2005.

[3] 陈康宁. 机械工程控制基础（修订本）[M]. 西安：西安交通大学出版社，1997.

[4] 阳含和. 机械控制工程：上册 [M]. 北京：机械工业出版社，1986.

[5] Katsuhiko Ogata，卢伯英，于海励译. 现代控制工程（3 版）[M]. 北京：电子工业出版社，2000.

[6] 陶永华，尹怡欣，葛芦生. 新型 PID 控制及其应用 [M]. 北京：机械工业出版社，1998.

[7] 刘金锟. 先进 PID 控制及其 MATLAB 仿真 [M]. 北京：电子工业出版社，2003.

[8] 王益群，孔祥东. 控制工程基础 [M]. 北京：机械工业出版社，2001.

[9] 高钟毓等. 机电控制工程 [M]. 北京：清华大学出版社，1994.

[10] 王积伟. 机电控制工程 [M]. 北京：机械工业出版社，1994.

[11] 周雪芹，张洪才. 控制工程导论 [M]. 西安：西北工业大学出版社，1988.

[12] 杨叔子，杨克冲. 机械工程控制基础 [M]. 武汉：华中理工大学出版社，1984.

[13] 何钺. 现代控制理论基础（机械类）[M]. 北京：机械工业出版社，1988.

[14] 孔凡才. 自动控制系统及应用 [M]. 北京：机械工业出版社，1994.

[15] 徐昕，李涛，伯晓晨，等. MATLAB 工具箱应用指南——控制工程篇 [M]. 北京：电子工业出版社，2000.

[16] 龚剑，朱亮. MATLAB5.x 入门与提高 [M]. 北京：清华大学出版社，2000.

[17] 高等教育自学考试考纲解读与全真模拟演练-机械工程控制基础 [M]. 中国言实出版社，2012.

[18] 高等教育自学考试全真模拟试卷-机械工程控制基础 [M]. 中国言实出版社，2012.